道家
南宗養生

吳曙粵———— 主編

www.cosmosbooks.com.hk

書　　名　道家南宗養生

主　　編　吳曙粵

責任編輯　宋寶欣

美術編輯　楊曉林

出　　版　天地圖書有限公司

　　　　　香港皇后大道東109 -115號

　　　　　智群商業中心15字樓（總寫字樓）

　　　　　電話：2528 3671　傳真：2865 2609

　　　　　香港灣仔莊士敦道30號地庫 / 1樓（門市部）

　　　　　電話：2865 0708　傳真：2861 1541

印　　刷　亨泰印刷有限公司

　　　　　柴灣利眾街德景工業大廈10字樓

　　　　　電話：2896 3687　傳真：2558 1902

發　　行　香港聯合書刊物流有限公司

　　　　　香港新界大埔汀麗路36號中華商務印刷大廈3字樓

　　　　　電話：2150 2100　傳真：2407 3062

出版日期　2019年9月初版・香港

編委會名單

劉序

　　「道教是以先秦道家為思想淵源，吸收、融合其他理論和修持方法，而逐漸形成的我國本土的宗教。在長期的發展過程中，曾對古代的政治、經濟、哲學、文學、天文、曆算、醫學、地理、物理、化學，以及民俗、藝術等產生過廣泛的影響，成為中國文化的主流之一。」

　　這裏特別要提出的是，上千年前就逐漸形成的道家及振興於兩漢時期的道教以「我命在我不在天」核心信念，在對生命科學深刻理解的基礎上，通過食療、導引、針灸、丹藥等系統技術，以及道家留下「七十二行手藝」，以養人濟世生財利用。

對於提高中國人的生活水平、保護中華民族繁衍生息及生命健康起到了關鍵性作用。

道教南宗扎根於江南，在回歸養生的基本理念指導下，根據「天人合一」的原理，在深入了解江南環境特點而不斷研究開發出適應江南生活方式和健康理念和養生方式，在人體有效治療和有效康復的方面屢試不爽。

因後人以道教為宗教而忽略了道醫在幾千年歷史中護佑中華民族的貢獻。社會歧視加之其他原因，道教中這些有效的「治未病」「治已病」的方法或秘傳或分散民間，缺乏系統整理。

令人振奮的是，2016 年 10 月 25 日中共中央國務院印發了《「健康中國 2030」規劃綱要》，以「健康中國」為國家戰略的規劃掀起了一個在新時代、新的經濟水平基礎上重新重視中華民族健康的浪潮。而以簡、便、廉為特徵的道家及道醫有效養生和治療理論及方法的整理和使用也重新納入各級政府的視野中。

吳曙粵教授是廣西醫科大學和廣西中醫藥大學的碩士導師，他在繁忙的臨床治療及教學中無私地指導着各領域有志於

學習中醫的人士，同時，他積極率領各有關領域的專家和學生從人體的身、心、靈的健康需要出發系統地整理出版了本書。雖編著時間有些倉促，卻拉開了系統整理道家養生理念和健康方法的大幕。

在長長的歷史研究中，我對於幾千年保佑中華民族身心靈健康的道家和道醫充滿了崇敬之情。在吳曙粵教授主編的《道家南宗養生》一書出版之際，謹以此序表達我對道家及道醫的敬意！

劉偉文

浙江大學歷史學博士

2017 年 10 月 30 日

序

　　吳老師的新書《道家南宗養生》與貧道平生所操習諸事頗有交集，故欣然起筆贅言之。當今天下凡説到養生，還真的離不開道教的長生久視精神。具有五千年歷史的道教其宗旨簡言之就是促成人類之德化人生，道化社會和神仙世界。德化人生包含的仁德平等互助，道化社會講究自然返璞歸真，而神仙世界便有修真煉養使生命昇華之長生久視。簡言之，神仙世界和我們的生命品質關聯密切。有一件趣事在這裏説出來與大家分享一下，平時讀書都是把丹經當作修仙的經典在讀，而把《黃帝內經》等書視為醫書。但是慢慢地就覺得這兩者之間的差別

越來越小，而且實際操作時往往顛倒過來，丹經是可以治大病的醫學經典，而《黃帝內經》真正是成聖的秘訣。古人云：「窮理盡性以至於命」，顯然養生精髓部份，包含了聖人性命之學的諸多技術環節，完全可以把養生學當作期頤成聖成真者的必修基礎學問功夫。在這樣的境界上談到養生問題前，要先說說道教的生命觀。

在中國談及養生修真，我們總是繞不開天台出生的紫陽真人張伯端的《悟真篇》。道家的養性攝生最上層的妙術無不與道教南宗鼻祖紫陽真人張伯端丹鼎派的內丹術有關。當今各類養生法門，如太極拳，八卦掌，形意拳等，幾乎都出於此術，許多輔助的養生法門也都是圍繞着內丹核心之真元之氣（生命的元力）的養、煉、化的理論建立起來的。紫陽真人《悟真篇》裏面說的觀念：「不求大道出迷途，縱負賢才豈丈夫，百歲光陰石火爍，一生身世水泡浮。只貪利祿求榮顯，不覺形容暗悴枯。試問堆金等山嶽，無常買的不來無？」簡言之生命未把握在手中，其他一切人生所有都是浮雲。不過道教因為掌握了諸多修真技術，所以對生命的態度是非常樂觀的，積極進取而且嚴謹有法則。能夠把握生命的修行者在道教看來屬於有道之

士。生命的幾大特點：第一，生命很美好，無論你信仰如何，生命都非常美好；第二，生命很脆弱，因為沒有生命常識的人都在無休止自我摧殘生命；第三，生命非常美妙，只要你能依道法修煉，激發生命固有的昇華機制，就可以脫胎換骨，長生久視，健康長壽，智慧明強。對於生命，面對不斷刺激慾望膨脹的社會，道教的返璞歸真，除了主張人類要遵循自然法則方面的宣教之外，還有系統化的生命維護煉養和昇華技術支持，才能於此長生久視道路上有所得益，而這才是養生的核心理論和方法。

如何把握生命的技術環節也是養生家要嚴肅面對的問題。首先我們要清醒，養生是個人與自然之間的關係，換言之如何使自己生命運行狀態與天道法則完全匹配，完全適應，並且要在這個關係中獲得主動，古人說「得其先機仙可期」，則我們養生的層次就會提高，與道合真的水平提高，也就是有道與否的問題，當然最後還離不開那種純屬自然的宗教大善情懷，達至逍遙物外的真境界。許多人認為養生就是與飲食吃喝、營養結構、各類中藥補品有關，或者良好日常生活習慣有關，也和鍛煉勞作相關，我們這裏想告訴大家，其實養生水平還與一個

人自律戒行能力密切相關，也就是説你不做甚麼非常緊要，當然還有如何去做等問題。

黃帝《陰符經》説「天有五賊，見之者昌」就可以明白地表述為天道的確需要時刻警惕他對生命之賊害機制，譬如「七情六慾」堪可比之於五賊。而同文中「天生天殺，道之理也！」更清楚表明左右我們生命的自然法則，固然滋生長養萬物，但是其中的殺機也包含在天道之中，亦屬於必不可違，必要巧妙嚴格完整的遵從才能找到逍遙物外的出路。古人言「天道無親」也是説自然大道對誰都一樣，賊害沒商量。但是，對此道能夠完整把握者，並且按照相關的方式方法修真者，才是道者，即所謂「知之修之謂之聖人」，所以自古善養生者都是在行聖人之道。不過《陰符經》中有一段話特別指出，對於天道的兩種態度和兩種結果：「君子得之固躬，小人得之輕命」，凡是按照自然法則勤謹固守清戒躬行者可得長生久視，否則自戮無功。

自古迄今，人類養生「盡終天年」和「全天壽」一直深受各家關注，可以説「上至天子，下至庶人，壹是皆以養生為本」。從《黃帝內經》看，古人也被這類問題困擾，當時的觀念「上古之人，其知道者，法於陰陽，和於術數，食飲有節，

起居有常，不妄作勞，故能形與神俱，而盡終其天年，度百歲乃去。今時之人不然也，以酒為漿，以妄為常，醉以入房，以欲竭其精，以耗散其真，不知持滿，不時御神，務快其心，逆於生樂，起居無節，故半百而衰也。」這還是逆反自然之道而導致未盡天年而去。而隨着華夏文明鼎盛時期到來，譬如唐代《福壽論》中可以看到，名利財貨之心使人行為非份，「富者多促」，神計其非；算盡奪壽。這就涉及心靈道德失常所引起的健康、壽命問題。

古人所言「甚愛必大費」，於當今天下當視作警醒真言，於其所愛必固慎之，養生更是個大問題。一是物質文明空前發達，人類大部份還沒有來得及學習正心誠意調整身心，來適應這種新文明，就直接進入前所未有的極度內耗的生活模式，也就是促使生命資源（生命元力「精氣神」）被無道行為所耗損的人生模式，當然最直接損傷的就是我們自己的健康。例如，許多慢性疾病的主要原因是免疫系統退行性變化引起，如糖尿病、癌症等，還有現在日益增加的精神疾病，在道教中人看來都屬於「不知持滿，不時御神，務快其心，逆於生樂，起居無節」促使精氣神過度消耗，而引起生命元力

衰竭（衰老），日夜消耗我們的生命。過度發達的物質文明似乎在過度引導生命資源的消耗，並且以獲取物質的滿足來求得生命個體歡樂，這種用生命資源消耗物質資源的惡性循環，在道教認為是不夠自然的文明。文明不自然就更需要我們人類自己把握自己的生命質量，這是當今世界的基本主流意識。而這就是養生的起點。

《道德經》所言「玄之又玄，眾妙之門」在修煉家看來正是生命昇華之門。道教修煉的宗旨是打開身中的眾妙之門，於人生諸事中運用我們的自然妙性，才能使得天然活潑生機主宰人生，使其充滿歡樂的同時，對我們自身毫無滯礙，對他人和天地自然環境毫無損傷，也就是説不僅僅能夠完美自我實現價值，也能體現他人價值，自然界萬物的價值，這種共同成就大美的原則才是道教宗旨。不妨這樣理解，養生一事雖然是小事，始於小技，行於正道，但是極其至也，終於眾妙之大道。這個完美的人生之昇華的實現過程需要自然嚴格的修煉手段和實踐，通過道教各種修煉才能明白何為無為而無不為的自然妙性。

既然談到生命品質，養生就是對生命元力的養煉化行為。使我們的生命得到昇華，脱離了七情六慾的干擾，才能養護生

命。談到養生，我們不能不直接進入主題，性命雙修的技術領域。這裏提出生命的終極昇華就是養生的終極目標。而性命雙修是精神和生命完美回歸自然的行為，那麼我們應把人生當是生命完美昇華過程。性命雙修法門，或稱丹道屬於道教修煉養生最上層法門：包含「性」和「命」兩個主體的合一功夫。其中心性（性）包括價值觀，人生觀，自然本性，心靈昇華，清淨意識對自然妙性的認知，相互作用而促進身心和諧。而身體（命）則涵蓋了臟腑器官功能維護，氣血暢通，筋骨強健，生命元力的維護。那麼內丹就是性命之統一，神炁和諧，構成高級合一結構，內在天人合一。

昔日軒轅黃帝問道廣成子於崆峒山，對曰：「至道之精，窈窈冥冥，至道之極，昏昏默默。無視無聽，抱神以靜，形將自正，必靜必清，無勞汝心，無搖汝精，存神定氣，乃可長生。目無所見，耳無所聞，心無所知，汝將守形，形乃長生。」於此中細緻做好功夫養生則容易，而且妙趣無窮。

順便提及中央黨校龔老師曾經對宗教的一個嶄新定義：「宗教是一種對超自然力量信仰的文化歷史現象。」貧道仔細琢磨覺得道教可以更進一步定義為「以純粹自然生命本身為終

極關懷的文明社團」。或者説：「圍繞自然大道為本體而建立人類生活方式的文明社團。」道教其實並不是要「超」自然，而是純粹的「自然」。《道德經》説：「人法地，地法天，天法道，道法自然。」道教使用「更為自然」這樣的無限深入自然內核的方式，來運用自然的妙性，為人類的超越，提供精神和生命維護煉養方面的技術服務。

最後《西升經》説「我命在我不屬於天」。《妙真經》云：人常失道，非道失人；人常去生，非生去道。故養生者慎勿失道，為道者慎勿失生。使道與生相守，生與道相保，二者不相離，然後乃長久。言長久者，得道之質也。經云：生者，天之大德也，地之大樂也，人之大福也。道人致之，非命祿也。通過養生，可以使人成為一個道者，對生命自覺把握並且使自己的生命接近妙道，掌握一套精氣神煉化的技術：由實轉虛，有無相生，虛實相接，動靜相續，自有化無，化氣為炁，而後與道合一。貧道此意即是説：如果天下養生者皆以仙道為修真煉養的根本道路，以合於天道法則為養練要義，養生才可能必有其成就之日。

靈尚師父

2017 年 12 月 6 日

前言

　　「養生」對我們中國人來說是現在已經是一個家喻戶曉的概念。雖然大家對養生的理解不同，但這種全民普及的養生文化卻是我中華所獨有。其中「道家養生」尤為具特色，道家提出的「我命由我不由天」和修真悟道得道的豪邁情懷及真智慧值得讚許。作為一位學習中西醫學的臨床醫師，有幸結識浙江道教學院謝嗣尚副院長，參觀桐柏宮並拜見中國道教協會副會長、桐柏宮住持、浙江道教學院院長張高澄道長，還與浙江道教學院的道醫班學生進行了交流，也結識了程瑋等眾多道家南

宗的弟子，對於中國道家南宗養生體系有了很好的了解。南宗養生體系在養生理論上遵循天人相應、天人合一的宇宙生命觀，以精、氣、神煉養為基礎，動靜結合，內外兼修，以順時養生、調攝情志、食療藥療、經絡按摩和導引調息等輔助手段作為行之有效的養生方法及技術深深吸引了我。南宗眾多的修身養性功法中最具代表性的是《紫凝易筋經》，也是國家體育局推薦的養生功法之一。易筋經作為一種導引術，有伐筋洗髓和修丹築基之功效。同時，南宗養生體系中還有着豐富的輔助手段。如食療、藥療、針法、砭法、灸法、藥香（香道）、音療（五音療疾）等等，都是遵循道家陰陽五行的規律，調理人體經絡，進而達到強身健體、情志平和，進而長壽快樂的養生目標。

中國道家南宗傳統養生是獨具特色的中國古代生命科學，更是具有中國自主知識產權的歷史文化寶貴遺產，是中華民族傳統優秀文化的重要組成部份。我作為一名研究中醫養生多年的醫師，把中國道家南宗這一傳統養生體系介紹給世人是一種

使命，在謝嗣尚副院長的支持下，組織了部份南宗弟子和我的中醫師承學子對道家南宗眾多的傳統養生方法進行了編輯。雖然編輯的時間有一些匆忙，很多功法和好的治療方法沒有能夠收錄，但相信本書再版時將會得到補充。願本書能造福於廣大民眾。

吳曙粵

2017 年 9 月 23 日於南寧

目 錄

道教南宗發源地
——天台山桐柏宮

　　道教內丹學派南宗創始人張伯端，字平叔，天台人，曾任台州府吏，為訪求名道高士，浪跡雲水，曾在古漢陰縣甕兒山潛修，其地明代因此而改名紫陽縣。後返天台桐柏宮修煉。熙寧八年（公元 1075 年），91 歲高齡的張伯端融攝儒、釋、道三教理論精華，以自己多年來的內丹煉養思想為基礎，在桐柏宮完成了《悟真篇》的創作，孕育出天台山道教南宗文化。自此，天台山桐柏宮成為中國道教南宗的祖庭，南宗始祖張伯端被後人尊為「紫陽真人」，天台山亦成為道教南宗的發源地。

道教南宗發源地
——天台山桐柏宮

23

桐柏宮理念
——傳播大道文明，創建逍遙文化

當今世界存在一種不斷刺激人類的慾望、快速消耗地球資源的現象。面對這一現象，有着中國大道文明傳承的桐柏宮，致力於創建另一種健康的自然的和諧的低碳的可持續發展的文化，逍遙文化！

目前桐柏宮成立了以下機構：

（1）南宗經懺團，舉辦大型法會，祈福消災，祈求風調雨順國泰民安。

（2）南宗養生研究院，舉辦各種修煉養生班，傳授南宗修煉養生功法，傳播大道文明理念。

（3）易道研究院，提供各種諮詢服務。

（4）南宗洞經音樂團，與天台縣民樂團一起參加佛道音樂會，成功在杭州、台州、上海、南京以及北京國家大劇院的演出。

（5）桐柏宮百籟團，通過吹籟來練氣練功。

南宗五祖

南宗一祖：紫陽真人張伯端

南邦啓教，浙水流芳，幼肄業於辟雍，無書弗讀，晚浪遊於雲水，遇道皆參，得諦於海蟾帝主，修真於漢陰山中，始則樂育情殷，繼則忘機遁世，袖出瓊花，羨陽神之克折，身懷異寶，愛舍利之偏多，戒僧為之減色，處厚因之從風，悟真篇諸真妙諦，羅浮嶺自在逍遙，大悲大願，大聖大慈，紫陽少府，天台啓派真君，廣慈立極天尊。

南宗二祖：杏林真人石泰

仙緣宿就，道骨天成，一生之俠烈，諾重千金，片刻之感通，肱如三折，以脱繮解網之俠，變黃冠羽士之風，恩丈收為高弟，心傳秘洩，口中還元，繼悟真而作稷，下隨纓絡而芳，大悲大願，大聖大慈，紫虛繼派，慕義懷仁真君，卓犖豁達天尊。

南宗三祖：紫賢真人薛式字道光

三教周知，五通克證，由儒入釋，備諳禪機，舍釋從玄，

力求實地，得遇杏林之丈偶，吟平叔之詩，機緣假於寺中，浹洽成夫，莫逆心傳口授，別有師承，聞一知十，逐臻神妙不數，空門長老，咸推至道偉人，大悲大願，大聖大慈，紫賢演派，珈璃開悟真君，還丹復命天尊。

南宗四祖：泥丸真人陳楠

仙風夙抱，道氣咸周，捻泥療病以隨愈，救旱驅龍而立澍，黎姥山書遺異，非同常語，大雷琅咒施行，克召天丁，得長老之化載，證神通之妙境，戴笠浮波立而不濡，水銀入口融而成金，大悲大願大聖大慈，紫泥昭異，隨光普度真君，修為無礙天尊。

南宗五祖：海瓊真人白玉蟾

弱冠求真，海南訪道，淡心於金玉錦繡，矢修於餐雪臥冰，跣足蓬頭，在在不隨俗貌，飡霞服氣，時時苦積貞修，畫梅畫竹以自娛，且飲且吟而弗倦，風流自在，道法無邊，大悲大願，大聖大慈，紫清殿派，神霄輔元真君，五雷演法天尊。

道教南宗桐柏宮養生修煉

自古高道們把煉養之道，法則訣竅寫於道書丹經之中，其著述汗牛充棟，然而後來學道有得其精髓，亦有不得其要義者。我學道傳教以來，多年尋味不知其究竟如何。一日恍惚之間，忽有所悟：丹經乃道家前輩所言，述天地妙道大義，凡人精神不濟，內神空匱者，加以用心不專，其言必不能傳神。神光所到之處，不過無應死物，何以度人濟世。

人之神精氣不支者，難以得道。學道之人，須「空心谷神」，養得精神，然後恆持戒行、功行、德行、苦行、具足完

滿才能明道。此數樣實乃辦道資糧，否則言語上無論如何頭頭是道，道體不養，身心乏匱必然維持不久，終歸敗壞，遑論證道。

修心養生養身，修真悟道得道，在道教看來是渾然一體不可須臾分割之事。但是細分起來還有兩段功夫：一是日常用心之道，二是內煉「元神」之功。這兩段功夫做到，內外相互妙應無間：外事應對得體不會攪亂心神，內功清淨虛靈妙慧常持外務，內外既濟才是修心有成，證道有功。

桐柏宮養生日常用心之道

我們做任何事都是要用智思，知識，智慧，也知道在這些智思活動之時，我們的元神也在消耗，也就是我們的生命在日常活動中不知不覺地消耗，不但消耗生命，而且會直接導致一些疾病。我們古人，尤其是道教，所教就是如何用心「日應萬物，其心寂然」。工作即是在頤養身心，工作方式調整至與修煉一致則能夠做到「日理萬機，心如止水」。其實論語中說「學

而優則仕」這句話，就有人提出來，這個「優」同「悠」。如果你能夠做到處事都很悠然自得，舉重若輕，既能夠做好事情又能夠不傷害自己情緒，影響身體臟腑工作，豈不是標準的好方法嗎？達到這一點，我們認為需要一些修煉的方法，這些方法在古人的行為規範中，也見於許多古人經典之中，其中精微細緻者莫過於《道德經》《關尹子》，簡易周全者莫過於《黃帝陰符經》《周易》，平實入玄者莫過於《內經》《靈樞》《太上老君說百病崇百藥經》。

茲列舉一二，譬如：傷身、傷神莫過於深愛物、甚精思。《黃帝陰符經》說「心生於物，死於物」，老子《道德經》說「甚愛必大費，多藏必厚亡」。《關尹子》說「目視雕琢者明愈傷，耳聞交響者聰愈傷，心思玄妙者，心愈傷」。

再譬如，待人無心，則以德歸道。《關尹子》說「勿以我心揆彼，當以彼心揆彼。知此說者，可以周事。可以行德，可以貫道，可以交人，可以忘我」。《道德經》說「絕聖棄智，民利百倍」「聖人無常心，以百姓心為心」「和大怨必有餘怨，安可以為善」。古之有道者，提倡清靜無為，無我體自然，則可以順天而立德立言立功。譬如漢代「文景之治」，就是實行

自然無為之道來治國，成就「無為之治」，在短短的四十年內令漢朝財物空前豐富。

桐柏宮養生內煉元神之功

一個人僅僅精神思想上明理，見地高明，未必即刻就能夠理性對待一切事務，自古以來知易行難。如何做到行為時時刻刻自然有道？「不可須臾而離」，也就是知行合一的問題，在道教認為，除了上述見地超卓之外，必需內在具備充足的精氣神和元神虛靜妙應之功，要使人善於運用本性中的「真常應物」，才能夠做到「應物不迷」，也就是說，元神靈明，元炁具足，一個人的見地才能隨時發生作用。那麼如何修煉元神呢？

自古道教修真法門眾多，宗派林立，天台山桐柏宮唐朝高道，司馬承禎在《坐忘論》中說：「夫道者，神異之物，靈而有性，虛而無象，隨迎不測，影響莫求，不知所以然而然。通生無匱，謂之道。至聖得之於古，妙法傳之於今。循名究理，全然有實。上士純信，克己勤行，虛心谷神，唯道來集。」我

們今天在這裏給大家介紹道教南宗修煉元神心性的法門。道教修真的法門大都是性命兼修為綱要，南北各有性命的側重不同，北宗先性而命「見性為要，水火調和次之」，南宗「先命後性取坎填離」都是使人內在神完氣足身心和諧，而後合於清靜無為至道，外則道體堅固，慧力圓滿，神而明之，如此方為有道。

　　道教南宗唵字訣（或稱為南宗真一元神功）。雖然道家修身養性的法門諸多，而且技術性非常強，但是南宗的唵字訣是一個簡易常用的修心方法。運用宇宙先天元音，正所謂大音希聲，自然單純正意，質樸簡易周天，深透周流一身，活潑盎然充實，省力無耗簡約。其要訣：

　　南宗秘訣練本性，口傳萬年不見經。

　　不即不離大象外，神光內斂意隨音。

　　虛空之中有真情，恍惚之中現真境。

　　鴻飛天外任它去，意在圜中身自清。

　　萬般雅俗心無著，須臾片晌天地新。

　　老少咸宜身心諧，妙道簡易聖心印。

桐柏宮養生修煉行功要領

　　虛鬆身心，寂然默默，默念唵字，游絲飄然，不即不離，勿忘勿助，雜念若現，念音清消，身執情執，皆從音滅，不可想重，不可無照，如春日登高台，鬆樂自然。如見鴻飛天外，影斷意連，依訣行功，真氣清正，五分鐘足，身心泰然，久久大定，定生慧光，光耀寰宇，妙樂無窮。此法古聖口口相傳，不見經注，以事練心，以心練身，以念無而有功，以無為而行德，性命交合，水火永濟，金木無隔，先天返還，是為無上希夷至聖心印妙法，正教心傳，當自尊重，不離常德。

　　以上南宗唵字訣之心性修真之法，貧道借此良機竭誠獻出，希望眾同修有空自己揣摩，無論在家出家，居山在市，每日晨其神清氣爽之際，依訣行功，只需要修煉五分鐘，堅持久久，必然倍感身心愉悅，體健輕鬆，誠所謂小為而大成，不費力而功著。

　　如果需要進一步性命兼修，歡迎到天台山桐柏宮小住數

日，於仙山佛國之土，青山綠水之間，精研實修，當你在日常的性命雙修過程中，發現自己心性與日俱增，稱為真正的「上士純信，克己勤行」而終歸達到「虛心谷神，唯道來集」水平時，相信你們定會心空明靈，身輕體健，正能量會無形中俱增，你們的事業和工作，將會變得更具百般樂趣。

福生無量天尊！

桐柏宮養生修煉原則

（1）道教南宗奉《清靜經》為經典，其養生功法，修行法門煉養之道皆出於此。

（2）陰陽互根原則。動靜相宜，不提倡打坐，提出以事煉心，在做事和生活中得到鍛煉。

（3）遵從身體自然規律。即遵從人體自身的經絡運行，氣血運行等規律。

（4）代表功法：《易筋經》《「唵」字訣》《九心混元呼吸法》

本着以上修煉原旨，道教南宗桐柏宮在諸弟子修煉及推廣上，奉行「主旨之下，百花齊放」的思想，不拘泥，不狹隘，圍繞修煉原旨，都可以發揮自己的天賦。因此，桐柏宮門人弟子，結合傳統丹法，執古之道，以為今用，歸納整理和創造出了一些獨具特色的養生功法，通過數年實際推行，實踐中卓有成效，讓相當多的大眾受益，強身健體，延年益壽。

道為今用，道亦人修，道濟眾生。

桐柏宮作為南宗祖庭，弘道濟世是為祖師爺千百年留下之矩範，在此新的時代，更肩負有濟世度人的宏旨，因此，南宗門人這些行而有效的丹法、功法，須用以恩澤大眾，不宜藏私，方為無量功德之行。以下就將這些養生、煉養方面的獨到見解，以饗大眾。

靈尚師父

道家功法《紫凝易筋經》

南宗《紫凝易筋經》

　　《紫凝易筋經》，經由明代天台山紫凝道人宗衡整理傳世。「易」為改變，「筋」則指肌肉、筋骨。修煉《易筋經》通過「內煉精氣神、外煉筋骨皮」，使五臟六腑及全身經脈得到充份的調理，達到洗髓易筋的效果，從而實現保健強身、防病治病、抵禦早衰、延年益壽的目的。《紫凝易筋經》，是道教南宗功法中，傳承下來的重要瑰寶之一。

　　道教南宗功法的傳承和推廣，以《紫凝易筋經》為主，這

也是南宗要求弟子必須習練的功法。在眾多的習練者之中，王**嗣嵩道長和趙嗣濟等**長期堅持將《紫凝易筋經》的功法無償傳播給大眾，讓廣大人民群眾直觀的了解和認識了道家功法。在他們帶領和傳播之下，越來越多的人民群眾受益於該功法，強身健體，易筋洗髓，延年祛病，同時也對道教南宗的傳播，起到的積極的促進作用。

王嗣嵩道長，被大家親切地稱為「王教頭」，以桐柏宮為中心，面向全國部份城市對《紫凝易筋經》的功法進行傳授，還錄了視頻分享到網上，讓大家都能夠通過網絡學會《紫凝易筋經》，並成為天台主要的健身功法，帶領大家走向健康之路。曾經有位高血壓的居士，在「王教頭」指導練習後，才練習一天時間，意外的發現其血壓已經恢復到正常值。其連連說道：好神奇呀！不可思議（按：估計是頸源性高血壓，復位後血壓立即正常）。「王教頭」不但教大家學會《紫凝易筋經》，還強調基本功的重要性，反覆要求動作到位，而且還要求懂一招一式的心法，配合呼吸和心法，達到洗髓易經的健身效果。

趙嗣濟，作為中國道醫協會道醫、重慶宗教藝術院秘書長、北京市傳統太極拳社會輔導員、重慶電台文藝頻道太極拳

社會觀察員，在學習了《紫凝易筋經》之後，身心雙重受益，更有切身體會。幾年來，她利用自己的工作室進行了公益傳播，將《紫凝易筋經》宣傳給大家，用實際行動讓大家體會道家功法的養身之道，樂此不疲地帶領大家走向健康之路。

　　《紫凝易筋經》通過導引，引氣歸經，練習後中正安舒，氣定神閒，陰陽平和，成為現代慢性病調理、道家修丹築基的一種功法。

《紫凝易筋經》的練習方法

（一）《紫凝易筋經》八式歌訣及練習

　　真意內涵道體虛鬆正源清氣
　　鼎極周寰真元發用先天敷施
　　後天滋盛百脈清通天地虛廓
　　煉形化質眾妙玄元全真自然

預備式（無極式）：雙腳與肩同寬，雙手自然下垂靠於大腿外側。全身放鬆，心無雜念，呼吸自然，雙眼微閉養神。站約三四分鐘後接下式。

1. 沐浴守中

〔歌訣〕雙手握固，冥心泯意，融
　　　　入虛空，洗清萬念
〔練法〕起式後雙手掐子訣握拳置
　　　　於胸前，收攝身心，洗清
　　　　萬念，感覺融入虛空之中，
　　　　站約三四分鐘後接下式。

　　　動作示範：桐柏宮道長王嗣嵩

2. 鐵牛犁地

〔歌訣〕雙手握拳，拇指力挺，虛頂垂尾，拔背含胸

〔練法〕起式後雙手慢慢收回置於胸前，雙拳握緊，拇指向外力挺，慢慢向下推。推時吸氣，推到底時自然呼吸，停留半分鐘。此式讓更多的人了解了《紫凝易筋經》。這種易筋洗髓很適合現代人修煉，通過含胸拔背，百會上頂，尾閭下垂，拉筋導引，使整條脊柱拉伸，氣貫督脈。

3. 海底歸元

〔歌訣〕雙手推下，真意貫充，任督中通，玄關神開

〔練法〕起式後先雙手握固放於胸前，然後掌心向下，雙手緩
緩下推如按水上氣球，推時吸氣，推到底時自然呼
吸，停留半分鐘。

4. 兩儀融清

〔歌訣〕雙手平推，疏胸開節，肝膽利導，金木交化

〔練法〕起式後先雙手握固放於胸前，然後掌心向外，指尖立
起，雙手向身體兩外側平推，推時吸氣，推到底時自
然呼吸，停留半分鐘。

5. 神象飛精

〔歌訣〕 雙掌前推，三陽通利，舒中強筋，返元還精

〔練法〕 起式後先雙手握固如沐浴守中式，然後掌心向前，指
尖立起，雙手向胸前直推，推時吸氣，推到底時自然
呼吸，停留半分鐘。

6. 摘星望月

〔**歌訣**〕單掌探月，掌護命門，紫霄撫龍，坎宮守元

〔**練法**〕先右手掌心向上，單手向身體右側上方直推，眼視右掌掌背，身體隨脊柱微向右側旋轉。同時左手掌心向後，掌背放於腰部命門的位置。推時吸氣，推到底時自然呼吸。左式練法同右式，方向置換。左右式交替練習。

7. 鼎立乾坤

〔歌訣〕下撈海川，上推天頂，水火即濟，天地泯合

〔練法〕起式後先雙手握固如沐浴守中式，然後俯身二手交叉
下撈，在此過程中雙腿要站直，後側大筋感到拉伸，
呼吸自然。再起身二手於胸前打開再向上直推，掌心
向上，二手指間相對。推時吸氣，推到底時自然呼吸。

8. 歸元丹田

〔歌訣〕雙手合掌，歸胞丹田，儲立清心，復歸寂靜

〔練法〕雙手合抱，放於小腹丹田位置，呼吸自然，等二三分
鐘後收功。

（二）《紫凝易筋經》行功法要

1. 道德為本

習練易筋經者，當以道德為本，凡事以謙讓為先，保持中正平和的健康心態，保持自身與外界人事環境和自然環境的和諧關係。事來則應，事過不留，澄心潛欲。動靜離合要法於天道，順其自然。要在平時都保持練功時的身心狀態。

2. 呼吸自然

習練功法時，要求呼吸自然、柔和、流暢，不喘不滯。相反，若一味執着於呼吸的深長細緩，則會在與導引動作的匹配過程中產生「風」「喘」「氣」三相，使得習練者心煩意亂，動作難以鬆緩協調。故練習本功初期以自然呼吸為主，站功久後呼吸自然成整體呼吸和內氣運動相呼應，是為真息。

3. 身心放鬆

練功時，首先要氣靜神怡，思想集中，掃除萬慮。開始時可想像全身如在水中或空氣中飄浮。以一念代萬念，最後要一

念也無。身體也要做到內外放鬆，即四肢百骸，大小關節和內臟盡可能放鬆保持，要做到「鬆」而不「懈」，「鬆」而且「整」。保持全身的舒暢狀態，神情悠然相依，以神光返照全身，使意念和身心融為一體，與宇宙相合。

4. 重在用意

練功時切勿用拙力，而是要求意念隨形體動作的運動而變化。即在習練中，以調身為主，通過動作變化導引氣的運行，做到意隨形走，意氣相隨，起到健體養生的作用。

5. 注意環境

練功需選擇安靜的環境。練功者在情緒不好，過於疲勞，或過飢過飽，酒後飯後，激烈運動後，或風雨雷電天氣時不可練功。練功期間飲食以清淡為主，不可葷腥過重。練功時要穿寬鬆的衣服。練功後不可馬上進食，不可吹風。練功後要收功三四分鐘後才能做其他事。

6. 明師指導

　　本文介紹的只是《紫凝易筋經》的功法大意，一些自學有難度的動作已經省略。真正習練尚需明師指導，方能完整習練並體會這套功法的微妙之處。

　　《紫凝易筋經》，是道教先輩身體力行的成果，凝練而簡，經南宗數代高道千錘百煉傳承而來的基礎功法，為伐筋洗髓之基。也是南宗道教之瑰寶，廣泛傳播，讓這一道教養生瑰寶重為世人所知、所用，福澤當世，其善善，功莫大焉！

道家南宗之食療養生

  《黃帝內經》認為「五穀為養，五果為助，五菜為充，五畜為益，氣味合而服之，以補益精氣」。合理的飲食，使人氣血充足，身體強壯，益壽延年；所以歷來道家都非常重視飲食調養。

  名醫張錫純在《醫學衷中參西錄》中說「食療病人服之，不但療病，並可充飢，不但充飢，更可適口，用之對症，病自漸愈，即不對症，亦無他患」。是藥三分毒，而食物沒有毒性，比較安全。食療寓治於食，讓人們在享受食物美味之時，不知不覺達到強身健體、防病治病之目的，避免了打針、吃藥，甚

至手術之苦。這種自然療法與服用苦口的藥物相比迥然不同，它不像藥物那樣易使人厭服而難以堅持，人們容易接受，可長期運用，對於慢性疾病的調理尤為適宜。

唐朝末期食療養生大為盛行，並產生了我國現存第一部食療專著《食療本草》，使食療成為一種獨特的專門療法。十道九醫，許多「高道」都兼通醫學和養生。在長期的發展過程中，道家南宗綜合吸收歷代各家養生之長，形成了既有道家特色又符合科學養生原理的食療養生理論。

一、道家食療養生指導思想

（一）天人合一、順應自然

《內經．素問》曰：「人以天地之氣生，四時之法成」，「五臟應四時，各有收受，和於陰陽，調於四時」。人體的五臟功能活動、氣血運行都與季節的變化息息相關。人體自身雖具有適應能力，但人們要了解和掌握自然變化規律，主

動地採取養生措施以適應其變化，這樣才能使各種生理活動與自然界的節律相應而協調有序，增強正氣，避免邪氣的侵害，從而保持健康，預防疾病的發生。道家從「天人相應」的觀點出發，將天地理解為大宇宙，而人的身體為小宇宙，主張人要順天時，順五運六氣的變化，飲食起居要順應四時陰陽之氣的變化。正如《素問‧四氣調神大論》所説：「春夏養陽，秋冬養陰，以從其根。」這裏的從其根即是遵循四時變化規律。我們倡導的順應自然的飲食調配，起居有常，動靜合宜等，均是這方面的較好體現。

（二）陰陽平衡、五行調和

《內經》提到「陰平陽秘」時，明確指出「陰陽之要，陽密乃固，兩者不和，若春無秋，若冬無夏，因而和之，是謂聖度」。如果陽氣過強，不能密藏，那麼陰氣就要虧耗，人就會生病。人體陰氣平和，陽氣密藏，精神才會旺盛。

食物和藥物一樣，也有五性五味，五味各有陰陽運行，五行生剋，均與飲食五味有着密切關係。《黃帝內經》認為，用

五味以治五臟，調養五臟平衡，可宣通腠理，運行津液，而通氣血，發揮身體的自我修復潛能。「謹和五味，骨正筋柔，氣血以流，腠理以密，如是則骨氣以精，謹道如法，長有天命」。

《素問‧室明五氣論》說「五味所禁，辛走氣，氣病無多食辛；鹹走血，血病無多食鹹；苦走骨，骨病無多食苦；甘走肉，肉病無多食甘；酸走筋，筋病無多食酸，是為五禁，勿令多食」。

二、道家食療養生基本原則

（一）未病先防，食先藥後

「上工治未病，不治已病，此之謂也」，《黃帝內經》確立了「治未病」的原則。從食療治病的角度而言，「食先藥後」為道家與傳統中醫所肯定，先秦名醫扁鵲早就總結出「君子有病，期先食以療之，食療不愈，然後用藥」的道理。藥王孫思邈亦在其《備急千金要方》中單闢「食治」篇，提出「夫為醫

者，當須先洞曉病源，知其所犯，以食治之，食療不愈，然後命藥」的原則，明確告訴後人，食療為先的道理。毛澤東精闢生動而形象總結為「先到廚房，後到藥房」。治病猶如救火，應預防為主，撲救宜「打早、打小、打了」。

（二）辨證施食，三因制宜

　　疾病發生發展的全過程時呈動態變化，疾病可隨病因、體質、年齡、氣候、地域或發展階段等因素的變化，表現為不同的症狀。所謂辨證施食，即根據不同的病證來選配食物。因此，在疾病調理過程中，食物的選配應在辨證施食的原則下進行，如虛證宜用補益之食物，實證宜用祛邪之食物，表證宜用發散之食物，裏實證宜用通洩之食物，裏寒證宜用溫裏之食物，裏熱證宜用清洩之食物。辨證施食，可以調節機體的臟腑功能，促進內環境趨向平衡、穩定。

　　藥王孫思邈提出「不知食宜者，不足以生存」的觀點，強調「知食宜」。所謂「知食宜」是要明白天（季節氣候的變化）、地（地域環境的不同）、人（個人體質差異以及疾病屬性）三

類影響因素，而實施「食養食治」的規律，以「順應自然、天人相應」。

因時制宜

《攝生消息論》對四季飲食養生有精闢的論述，認為「當春之時，食味宜減酸益甘，以養脾氣；飯酒不可過多，米麵團餅，不可多食，致傷脾胃，難以消化。當夏飲食之味，宜減苦增辛，以養肺心氣。當秋之時，飲食之味，宜減辛增酸，以養肝氣。冬月腎水味鹹，恐水剋火，心受病爾，故宜養心」。

道家根據四季變化與人體五臟對應關係，總結出「四季五補」的食療原則：即春季升補，夏季清補，長夏淡補，秋季平補，冬季溫補的原則。春季飲食應以辛溫、甘鮮、清淡為主、少酸多甘、少肉食多蔬果，補養脾氣；宜食葱、薑、蒜、香菜等以振奮身體陽氣。夏季飲食應以清熱利濕、甘涼生津、清淡平和為主、少苦多辛，補養肺氣；宜食苦瓜綠茶、綠豆等。長夏飲食應以健脾和中、清淡祛濕為主，少甘多鹹，補養腎氣；宜食冬瓜、白菜、薏仁等。秋季飲食應以滋陰潤燥、清潤甘酸、溫涼清淡為主，少辛多酸，補養肝氣；宜食枇杷、蜂蜜、百合

等。冬季飲食應以滋陰防寒、雜淡溫軟、滋補飲食為主，少鹹多苦，補養心氣；宜食羊肉、狗肉等。

因地制宜

我國地域廣闊、物產豐富，人們生活的地理位置和生態環境差別較大，生活習慣和飲食結構不盡相同。使人體順應不同地理環境條件，是提高食物療效的重要因素，如東南沿海地區潮濕溫暖，宜食清淡、除濕的食物；西北高原地區寒冷乾燥，宜食溫熱、散寒、生津的食物。

因人制宜

根據人們各不相同的年齡、體質、症狀具體情況選擇各不相同的食療調理方法，以達到各自健身強體、防病祛病的目的。一般來說，兒童身體嬌嫩，宜選用性質平和，易於消化，又能健脾開胃的食物，而應慎食滋膩峻補之品；青少年的食療配方應適當增加一些對生長發育有利的食物；中年人食療宜選用益氣補腎、健脾、舒肝等配方，食療的重點應當放在防治貧血、調補腎虧、抗疲勞、改善睡眠方面。老年人氣血陰陽漸趨

虛弱，身體各部份機能低下，故宜食用有補益作用的食物，過於寒涼和溫熱、難於消化的食物均應慎用。男性因消耗體力過多，應注重陽氣的守護，宜多食補氣助陽的食物；而女性則有經、孕、產、乳等特殊生理時期，易傷血，故宜食清涼、陰柔、補血之品。陽盛實熱之人，宜清熱瀉火之飲食；陽虛者宜食溫熱補益之品；陰血不足者宜食養陰補血之品；易患感冒者宜食補氣之品；濕熱較甚者宜食清淡滲利之品。體胖者宜遠肥膩，多清淡；體瘦者宜遠香燥，多滋陰生津。對患有疾病的人，則根據病症的寒熱虛實、陰陽偏盛，結合食物的五味、四氣、升降浮沉及歸經等特性來加以確定。充份利用食物的各種性能，調節和穩定人體內環境，使之與自然環境相適應，方能保持健康、祛病延年。

三、本因食療養生法

（一）概念

對於疾病病因機理的分析，一般中醫學重視二因，即內因和外因的致病作用，道醫則重視三因，即本因、內因和外因，這是道醫學與一般中醫學的根本區別。本因，是指人先天遺傳攜帶而來的致病因素，它是能在體內逐漸釋放，並且與內因和外因密切協同作用，從而產生疾病的因素。本因是一種以全息信息方式儲存並且攜帶的，以炁的方式客觀存在的致病因素。現代醫學已經從微觀領域發現了 DNA 遺傳基因攜帶現象，但是要發現慧觀中疾病的全息攜帶現象尚需時日。目前的科學研究方法還暫時難以真正全面地進入「炁」的領域之中。

本因食療養生法，根據《黃帝內經》和《千金方》「先洞曉病源」和「內因不足外因補」的思路，從分析人的生辰天干地支與臟腑對應關係來判斷人體臟腑功能強弱，生辰干支對應的臟腑功能較強，缺少的干支代表臟腑功能較弱，針對人體臟腑功能缺陷這個「本因」病源，根據自然界和人體、食物陰陽

五行對應關係，調配適宜的飲食，利用自然界和食物陰陽五行特性，損有餘而補不足，調和人體臟腑陰陽五行，使臟腑功能協調，營衛固密，氣血流暢，免疫修復系統強盛，達到「內外調和，邪不能害」的狀態。

（二）生辰天干地支與臟腑對應關係及運用

十天干與五行：甲乙東方木，南方丙丁火，庚辛西方金，北方壬癸水，中央戊己土。

十二地支與五行：寅卯屬木；巳午屬火；丑辰未戌屬土；申酉屬金；亥子屬水。

十二經納天干歌：甲膽乙肝丙小腸，丁心戊胃己脾鄉。庚是大腸辛屬肺，壬係膀胱癸腎藏。三焦亦向壬中寄，包絡同歸入癸方。

十二經納地支歌（子午流注）：肺寅大卯胃辰宮，脾巳心午小未中。申胱酉腎心包戌，亥三子膽丑肝通。

時干支求法：甲己還生甲，乙庚丙作初，丙辛推戊子，丁壬庚子居，戊癸起壬子，時之定不虛。

運用：

1、萬曆年查出年月日，日干主五行。

如：2000 年 7 月 23 日子時出生。日的天干是癸，五行屬水，即是俗話說的「水」命，需要關注他的腎經和膀胱經，也要關注他的腎和泌尿系統的疾病。食療要注意補腎。

2、出生的季節與出生日的天干的關係。用五運六氣學說，根據出生的節氣（運和氣）判斷顧客或病人的體質是寒或熱或平。

3、排四柱（年月日時）得出的人體五行的多寡，進行分析。看其年、月和出生時辰的干支與日干的五行關係。

例如：2000 年 7 月 23 日子時出生。

- 年（庚辰）　金土　　大腸　　胃
- 月（癸未）　水土　　腎　　　小腸
- 日（癸未）　水土　　腎　　　小腸
- 時（壬子）　土水　　膀胱　　膽

評：八字缺火和缺木，又有三水剋火，可能會有心臟方面的疾病，雖然有四土剋水，但是，她日干是五行的水。如果結合她的體型判斷為「水行人」。食療的建議：需要用火性（或

紅色）食物補充，同時還要補木（或綠色）性食物。

本因食療法調理案例

案例一 ————————————————————

盧澤亮，男，19歲，高三學生，耳鳴10年，台州、杭州、上海等大醫院診斷為傳導性耳鳴，治療10年未效，病情日益嚴重，休學在家，欲尋短見。上海醫生建議請美國專家進行腦部手術，費用5-15萬美元起。經診斷，患者舌尖兩邊有較多紅點，肺熱陰虛，分析其生辰中「五行缺金」。腎開竅於耳，耳病根源在腎，患者生辰五行缺金，金生水乏源致病。調理方法：重用野生川貝補金生水5克／每次，每天2次，配合服黑豆養血湯，滋陰健脾補腎。1劑症狀即大為減輕，連用3天耳鳴症狀基本消失。囑其常喝天然蜂蜜水，黑豆養血湯，隨訪1年無異。

案例二 ————————————————————

梁某偉，女，28歲，多年不孕。經分析生辰五行缺水，

建議其喝滋陰補腎水的黑豆養血湯，喝 2、3 個月後就受孕了，已順利產子。

（三）自然界和人體、食物陰陽五行對應關係

東方春木色青味酸主肝、膽，肝氣涼惡風。酸性食物、綠色青色食物，養肝、膽。肝膽系統問題可以經常食用酸性食物、綠色青色食物來補養。肝為陰木、膽為陽木。屬陽木食物韭菜、松針、青椒、純米醋等，屬陰木食物綠豆、獼猴桃、檸檬、芹菜等。

南方夏火色紅味苦主心、小腸，心氣燥惡熱。苦性食物、紅色食物，養心、利小腸。凡冠心病、用腦勞心過度、睡眠不足、多夢、神經衰弱等心腦血管問題，宜多食紅色食物。心為陰火，小腸為陽火。屬陽火食物紅辣椒、紅棗、櫻桃、山楂，屬陰火食物西瓜、柿子、蓮心、苦瓜等。心火太盛者宜以陰性食物平衡，宜睡子午覺。

西方秋金色白味辛主肺、大腸，肺氣熱惡寒。辛性食物、白色食物，入肺、大腸，有利於呼吸系統。肺為陰金，大腸為

陽金。屬陽金食物生大蒜、葱白、桃子、荔枝、椰子、龍眼、洋葱等，屬陰金食物雪梨、蘆根、百合、白蘿蔔、冰糖等。

北方冬水色黑味鹹主腎、膀胱，腎氣寒惡燥。鹹性食物、黑色紫色食物，入腎經，利於腎、膀胱、生殖系統、腰腿、骨骼等系統方面的健康，有病袪病，無病養生。腎為陰水，膀胱為陽水。屬陽水食物豆豉、狗肉、羊肉、核桃，屬陰水食物黑芝麻、黑棗、黑豆、墨魚、黑米、紫米、藍莓、鯽魚、海帶、紫菜、栗子等。腎氣足，則耳聰、骨堅、骨髓壯，並上濟心陽、滋養肺水、精力充沛。

中央長夏土色黃味甜主脾、胃，脾氣溫惡濕。甘甜食物、黃色食物，入脾經，利於脾胃消化吸收系統。脾為陰土，胃為陽土。屬陽土食物生薑、南瓜、黃糖、蕃薯，屬陰土食物小米、黃豆、豌豆、馬鈴薯、香蕉、黃花菜等。脾氣喜溫惡寒濕，所以濕寒之地人易患食滯、水滯、濕滯、胃寒諸病。胃宜暖，陳艾紅糖水、薑糖水、薑片、葱、蒜可去寒濕、暖胃，但要適量食用。

（四）調理期間注意事項

（1）須選取原產地天然食材，療效方佳。

（2）自來水含氯宜過濾後用，食鹽宜用含天然碘或無碘鹽，食用油宜選取非轉基因壓榨油。

（3）少吃浸出法加工的食用油，少吃味精，大部份加工食品含各種添加劑不宜多食。

四、道家食療養生秘方

1. 神仙補元糊（三生補元糊）

做法和用法：生核桃仁、生芝麻、生薑各 25 克，紅糖適量。生核桃仁和生芝麻搗成碎末，生薑去皮搗成碎末。集中放入碗內，加紅糖攪拌均勻，開水沖服。每次取 2 湯匙（約 30 克），每日早晚各服一次。寒症重的生薑可酌情加量，平常保健養生生薑可換成乾薑。

功效：此方溫補元氣、提振心陽，適宜久病體虛、寒咳白痰、久咳不癒、胸悶氣短等虛寒體質人群。

2. 黑豆養血湯

做法和用法：黑豆 50 克，大棗 50 克，桂圓肉 15 克，水三碗同煎至一碗，可分早晚兩次服用。

功效：此方有健脾補腎，補心氣，養陰血作用。適用於血虛心悸，陰虛盜汗，腎虛腰痠，鬚髮早白，脾虛足腫等症。

3. 神仙粥

「一把糯米煮成湯，七根蔥白七片薑，熬熟對入半杯醋，傷風感冒保安康。」

做法和用法：將糯米 50 克沖洗淨，加適量水煮成稀粥，再加入蔥白 7 根（約 30 克）、生薑 7 片（約 15 克）共煮 5 分鐘，然後加入純米醋少許攪勻起鍋。趁熱服下後，上

床蓋被，使身體微熱出汗。一般連續服用 2 至 3 次，感冒會痊癒。

功效：此方專治由風寒引起的頭痛、渾身痠懶、乏力、發熱等症，特別是初發感冒流清涕、怕冷時服用，即可收到「粥到病除」的奇效。

4. 醋蛋液

做法和用法：高酸度的純米釀陳醋約二両，新鮮家養雞蛋 1 枚，放入玻璃瓶中浸泡 2、3 天。蛋殼軟化後，用筷子戳破蛋膜，將流出液攪拌均勻，再放置一天，約一個星期的用量。每天清晨空腹，用 2 湯匙醋蛋液、4 湯匙溫開水、1-2 湯匙天然成熟蜂蜜，攪拌均勻，空腹一次服完。蛋膜可嚼碎吞服。

功效：醋蛋液能夠活血化瘀、扶正固本，明顯提高人體免疫功能。對高血壓、腦血栓及後遺症、心肌梗死、胃下垂、肝炎、糖尿病、神經痛、氣管炎、失眠、便秘、慢性胃炎、風濕病等多種疾病療效明顯，還對結腸炎、肩周炎、痔瘡、鼻竇炎、

心腦供血不全、牙疼、糞液自流、坐骨神經痛、肋間神經痛、肛裂、趾端麻木、神經衰弱、動脈硬化、皮炎、繡球風、頭屑、三叉神經痛、十二指腸潰瘍、上呼吸道感染性咳嗽、尿頻、手腳皸裂、盜汗、口臭、腹瀉、腎炎等病亦有效。甚至對冠心病、類風濕、骨質增生、肺結核、面癱、震顫麻痹、糖尿病、白內障、肺心病、花眼、各種癌症，外用對牛皮癬、老年斑等一些現代臨床上棘手的病，也有一定的輔助療效。

注意事項：

有兩類人不適合吃醋蛋液。一是兒童不宜。因為兒童胃壁薄弱，吃醋會傷胃。二是患有胃酸過多者、胃潰瘍、十二指腸潰瘍病表現上酸水、燒心的人。

五、食療調理案例

1. 感冒發燒可預防

桐江書院師生感冒發燒調理案例。桐江書院位於仙居，始

建於宋代，是有近千年歷史的古書院，現在辦有私塾形式傳統文化國學班。以前書院師生經常感冒發燒，若一人感冒，容易引起全體師生感染，老師和學生家長甚是憂心。有緣指導全體師生進行調理，主要調理方案：一是增加孩子睡眠時間，特別是冬季宜早睡晚起，將孩子冬季起床時間由 5 點鐘調整為 6 點鐘；二是早餐飲食適當加生薑葱白紅糖水或生薑蘿蔔湯，晚餐不吃辛辣食物，改為健脾滋陰的黑豆紅棗湯、黑棗湯等。經過調理，桐江書院師生基本很少再有感冒、發燒，隨訪一年基本穩定。

2. 綜合調理療效好

蔣小真，女，36 歲，市級三乙醫院職工，常上夜班體虛經常感冒，辦公室有人感冒便難逃被傳染，嚴重時常臥床不起，深受困擾，嚴重影響工作生活。綜合調理方案：一可能情況下盡量避免「熬夜班」，保養元氣；二放鬆心態，樂觀情緒，自我減壓，常聽舒緩歡快的經典輕音樂、宗教音樂，常看笑話喜劇幽默影視片；三改善飲食，素食為主，以綠色無公害食物

為主；四結合四時，辨證外治食療健脾增強體質，常用蘄艾睡前泡腳溫通經絡、常喝生薑蔥白紅糖水發散風寒、綠豆甘草湯清熱解毒、天然成熟蜂蜜水滋陰潤燥、三生補元糊溫補元氣。經過近一年綜合調理，基本不再感冒，囑保持良好養生習慣，隨訪近 5 年基本沒有再發生感冒。還有其他幾位體弱易感冒人士也用類似方法調理效果明顯。

3. 寒咳氣短補元糊

案例一

楊金鳳，女，48 歲，感冒咳嗽 1 月餘，咳痰有血絲，胸悶氣短，感覺痰咳不出，看過中醫西醫，吃過西藥和蛇膽川貝液、枇杷糖漿、甘草片，試過土草藥，均無效。按脈遲舌淡白膩，判斷為寒咳。囑其日服神仙補元糊 2 次，自述二、三天見效，1 週痊癒。之後其女兒也感冒咳嗽，找多位中西醫專家治療未效，後聽其反饋喝蒲公英茶後加重，知其體寒，讓其也按上方用，結果也 2 天痊癒。

　　台州市某局一領導，因胸腺瘤術後，心胸氣短呼吸困難，傷口久不癒合，經省名中醫調治，服中藥 5 天無效，無法出院。即製作「神仙補元糊」讓其服用，半小時緩解，順利出院，隨訪 1 年無復發。

案例三 ────────────────────────

　　蔣玉英，女，80 歲，因肺炎咳嗽發熱，經過鄉鎮衛生院和市級醫院半個多月治療，發熱略減輕，咳嗽日漸重致咽喉痰堵、呼吸困難，靠呼吸機維持，醫生 2 次下達病危通知書，家人着手準備後事，親友來求診，判斷老人本身元氣較弱，經長期輸液治療，元氣大傷，加上體質虛寒，建議其服用「神仙補元糊」。當晚服 1 次即大汗出，痰出咽喉通，老人自己拔了呼吸管；第二天再服，病人自我感覺病已基本痊癒，要求出院，家人不放心讓其再住 1 天，老人再住了 1 晚上，第 2 天即出院。花費大約 6 元錢。隨訪 1 年，老人至今體健，每天到兒子工廠上班，自述現在胃口好多了，人閒不住。而住同科室同樣毛病的另一位老奶奶，一直用西醫治療，呼吸困難後施氣管切開術

2 次，導致腎功能衰竭，前後花費 60 萬元，治療 2 個多月最終人沒了。有時候可能「6 元」勝過 60 萬！

案例四

蔣寅，男，43 歲，2016 年 4 月突發腦中風，西醫急救開顱手術脫離生命危險。後來住院 4 次，每次住院治療病情越來越嚴重，請上海、杭州多位神經內科權威專家會診治療無效，先後治療 7 個多月，花費 70 多萬元，幾近癱瘓，不得已出院回家。回到家中用補元糊食療，1 週後能自行下地行走，半個月後能走幾公里，1 個多月後簡單生活能自理。

4. 結石劇痛陳醋解

案例一

鄭荷芹，女，61 歲，腎結石病史，某晚腰部劇痛判斷為腎結石復發，西醫 CT 檢查無發現異常，診斷為細砂性結石急性發作。用 30 年純米釀陳醋一湯匙調等量溫水讓其服下，半小時痛止，同時囑每日細嚼生核桃 4 個，隨訪 2 年餘未復發。

案例二 ——

　　蔣小真，女，40歲，某日早晨起床後，突發腰部劇烈墜痛，
用陳醋一湯匙調等量溫水，半小時痛止。隨訪 1 年餘未復發。

案例三 ——

　　平田蔡世佺，男，51歲，因腎結石在台州某醫院行碎石術，
回家第二天出現劇痛難忍而再回醫院住院，但 CT 等各種檢查
均查不出問題。來求診，囑其速服一湯匙陳醋調溫水，以後每
餐飯後服 1 次。反映喝陳醋後很快止痛，第 2 天即出院回家，
隨訪 2 年未復發。

5. 嚴重盜汗有奇方

　　賴成母，女，65 歲，糖尿病史，盜汗嚴重，每晚睡覺幾
乎全身濕透。在台州某醫院用過多種藥物無效。讓其每天喝用
野生葛根粉調的糊，晚上睡前用五倍子粉加健康異性唾液調成
糊狀，貼肚臍，早晨起來拿掉。用 1 次明顯見效，連用 3 天痊
癒。隨訪半年無再復發。調理多例療效顯著。

6. 部份高血壓病可調治

案例一 ───────────────────────

　　楊如悅，女，52歲，高血壓1年餘，常頭暈頭痛，曾在北京、四川找知名中醫吃過幾個月中藥無顯效，西藥維持。自稱1次吃蘆薈後胃硬結停食半月。面診體瘦面白，斷為體虛臟寒血熱。囑每晚睡前先花椒1把煮水泡腳20-30分鐘，泡後擦乾，再用醋調吳茱萸粉貼兩足心，晨起拿掉。經1週，不知不覺血壓恢復正常，停藥，隨訪1年血壓正常。

案例二 ───────────────────────

　　周菊芳，女，60歲，高血壓100/160左右，訴常有頭昏、胸悶症狀，到市級醫院查血常規、B超、CT、24小時動態心電圖均基本正常，醫生無法處理。面診其心臟對應區有幾條皺紋，耳垂無皺摺，判斷為冠狀動脈瘀堵，囑常服三七丹參酒、醋黑豆，睡蠶沙枕頭，睡前常陳艾泡腳後吳茱萸調醋貼腳心。堅持3、4個月後，血壓穩定在70/120左右。至今隨訪已1年多無異常。

7. 哺乳嬰兒從母調

月月，女，1歲，哺乳期，便秘4天未解，望診：體偏胖面部的大腸反射區色紅為濕熱，詢問得知其母親喜食辛辣。兒童不便服藥，囑其乳母喝綠豆甘草湯祛濕熱，3兩綠豆，半両甘草（紗布包紮可用3次），煮沸5分鐘，濾汁涼喝，每天一次，第2天反饋已排便，再服一次。隨訪1週排便均正常。

8. 蝦蟹中毒紫蘇解

案例一

楊茹心，女，2歲，腹瀉半月餘，多位中西醫專家治療無效，仍每天腹瀉10餘次，走投無路來求診。經仔細詢問其飲食習慣，得知爺爺奶奶為給孫女補營養，天天給孩子喝河蟹湯。蟹乃大寒之物，腹瀉利器，紫蘇可解魚蝦蟹毒。囑其停服蟹湯，紫蘇生薑水當茶飲，每餐薑米粥，反饋第2天就好了，隨訪無再復發。

杭州年輕的黃老師，因全身乏力多天，到杭州各大醫院驗血、B超、CT檢查都查不出病因，經詳細詢問前幾天吃過不少白蟹，也囑其喝紫蘇生薑水，反饋第2天全身乏力症狀就好了。每年秋天菊黃蟹肥時，都會有不少這樣的案例，可以按照此法調治。

9. 胃癌術後肝硬化失代償期腹水的病人奇蹟性康復

王富良，男，58歲，胃癌術後併發酒精性肝硬化失代償期，引起大量腹水，在浙江省級某醫院和台州某醫院中西醫治療3個多月無效，兩便不通，體重僅餘七、八十斤。醫生判斷活不過一週。偶遇求診，判斷其主症為癌性肝腹水，木剋土所致，建議其用老虎草、大蒜。於亥時敷左手寸脈處一畫夜，每日再服醋蛋液2次。左手去藥後流黃水1週，3天後明顯見效，兩便暢通，腹水漸消，半個月後B超檢查腹水全消，兩、三個月後體重增加30多斤，身體日見健壯。囑其堅持用野生四角菱殼煮湯等防胃癌和腹水復發。1年後檢查各項指標基本正常，

開始參加體力勞動，至今已 5 年多身體健壯無復發。

還有不少類似腫瘤病人奇蹟康復的案例，不再一一列舉。

道家食療代表人物

周宣剛，非遺食物療法傳承人，浙江台州市養生文化研究會副會長，廣西中醫藥大學和廣西醫科大學碩士生導師、廣西中國東盟醫療保健養生協會副會長、廣西中西醫結合學會常委、浙江省道學院中醫客座教授吳曙粵老師的中醫學弟子。

周宣剛熱愛中華優秀傳統文化，深受《黃帝內經》「治未病」思想和藥王孫思邈《千金方‧大醫精誠》慈悲喜舍之德的影響，傳承古代「食醫」的食療等自然療法，收集大量宮廷和民間食療外治偏方秘方，擅長運用食療外治等自然療法。

治未病，為高端人士提供保健養生服務。

頸椎疾病的道家健身功法

　　隨着社會的高速發展，人們的作息習慣也發生了巨大變化，某些不良作息姿勢亦在不知不覺中悄悄侵犯人們的四肢、脊柱。頸椎病、腰腿痛的人群越來越多。為了預防這些疾病的發生，通過推廣道家功法的鍛煉，使廣大群眾勤加練習，從而達到防病健身之目的。

道家健身功法修正不良作息姿勢

古訓中就有「行如風，站如松，坐如鐘」這種對姿勢的要求，歷來人們就知道好的姿勢對一個人精氣神的凝聚很重要，因為它影響着人體的五臟功能，扭曲的姿勢會對身體的內部器官造成傷害，而慢性積累性勞損正是來源於長期的不良姿勢。

不良作息姿勢，根據體位區分，歸納起來可以包括坐姿類、站立行走類、睡臥類。諸如：

長時間低頭、扭頭、斜坐電腦工作；

團坐着玩手機，入迷後不知道身體已經累了，仍繼續保持相同姿勢；

長期保持同一姿勢玩電腦遊戲；

低頭、弓腰刺繡；

長時間開車不休息；

蜷曲在沙發上看書、看電視；

半躺或側躺在床上玩手機；

趴着桌子、蹺腿、蜷曲午睡；

⋯⋯

頸部疾病和練習功法

（一）寰樞關節錯位

練習功法：

青龍側首

（1）身體直立，兩腳分開與肩同寬，兩手位於下腹部丹田前，呈八字掌，兩手虎口交叉相握，左手第 2-5 指貼在右手背上。

（2）頸部向左側彎至最大限度；

（3）在頸椎向左極度彎曲的情況下，右側太陽穴與右側肩峰部進行對拉。上述側彎過程中吸氣。

（4）然後慢慢還原回到正中，此過程中吐氣。

白虎臥聽

（1）身體直立，兩腳分開與肩同寬，兩手位於下腹部丹田前，呈八字掌，兩手虎口交叉相握，左手第 2-5 指貼在右手背上。

（2）頭部向右側偏斜至最大限度，使頸椎右側彎曲。

（3）在頸椎向右極度彎曲的情況下，左側太陽穴與右側肩峰部進行對拉，保持 2-3 秒。以上功法過程中吸氣。

（4）然後慢慢還原，該動作過程中吐氣。

犀牛望月

（1）兩手呈八字掌。身體直立，兩腳分開與肩同寬，兩手背重疊在臍前，兩虎口交叉相握，右手第 2-5 指壓在左掌心。

（2）頭部向左（右）後上方旋轉，此動作過程吸氣。

（3）待頸部旋轉到極限時，頭顱再向左（右）上方掙，兩目向左（右）後上方視停留並掙 2-3 秒，緩慢收回至正前方。此動作過程吐氣。

（4）與以上動作要求一樣，反向向後上方旋轉一遍，每組左右側方各旋轉 3-5 遍。

功法作用

該組動作運動時通過斜方肌、胸鎖乳突肌等主要肌肉的收縮帶動頸顱的伸直、旋轉，可梳理骨關節失穩，調整頸項部肌肉力學的四維平衡，恢復頸椎正常生理曲度，從而矯正寰樞關節錯縫。

（二）頸椎曲度異常綜合症（頸椎失穩症）

1. 上段反曲練習功法

神龍抬首

（1）身體直立，兩腳分開與肩同寬，兩手位於下腹部丹田前，呈八字掌，兩手虎口交叉相握，左手第 2-5 指貼在右手背上。

（2）頸椎中立位拉直。

（3）下頜部向上抬起，枕部向下使頭顱上仰，兩目上視 2-3 秒。以上功法過程中吸氣。

（4）然後慢慢回到原位，此過程呼氣。

犀牛望月

（1）兩手呈八字掌。身體直立，兩腳分開與肩同寬，兩手背重疊在臍前，兩虎口交叉相握，右手第 2-5 指壓在左掌心。

（2）頭部向左（右）後上方旋轉，此動作過程吸氣。

（3）待頸部旋轉到極限時，頭顱再向左（右）上方掙，兩目向左（右）後上方視停留並掙 2-3 秒，緩慢收回至正前方。此動作過程吐氣。

（4）與以上動作要求一樣，反向向後上方旋轉一遍，每組左右側方各旋轉 3-5 遍。

功法與作用

該組動作運動時通過頭、頸夾肌、斜方肌和胸鎖乳突肌等主要肌肉的收縮帶動頸椎、頭顱的運動，能活動頸椎寰樞關節及上段關節，鬆解頸部僵硬肌肉，改善失穩關節，恢復頸椎正常生理曲度。

2. 中段反曲練習功法

玄武觀天

（1）預備式：與神龍抬首相同。

（2）頸椎盡量後仰至極限。

（3）在頸椎極度後仰的基礎上，下頜部與胸骨柄處對掙 2-3 秒。此後仰過程吸氣。

（4）然後慢慢收回到原位，此過程慢慢吐氣。每 3-6 遍為一組。

陰陽運轉

（1）預備式：與神龍抬首相同。

（2）身體保持不動，首先頭部向左前下方低頭為起點。

（3）頭部由左前下方向左後上方旋轉。

（4）經頭顱上仰正直位後繼續向右後上方旋轉。

（5）轉至右前下方再轉到左前下方回到起點，以三圈為一組，之後反向旋轉三圈為另一組。

仙人指路

（1）預備式：兩腳分開約一腳寬，腳尖向前；兩手呈八字掌，在臍前相距一掌處，右手抓握住左手拇指末節，然後左手餘指包貼緊右手。

（2）身體直立，兩下肢分開與肩同寬，全身放鬆，自然呼吸，兩足十趾抓地；

（3）兩手上升至胸前膻中穴處向前供出，距離胸前約一尺許，類似拱手勢。

（4）兩手攤開、伸直緩緩回於腰際，掌心向上。此動作過程中吸氣。

（5）開筋法：兩手掌緩緩向上升至腋前，向前伸出；在兩臂伸至與肩相平時，以中指為軸向外轉掌，使手心向下。

（6）易筋法：手指伸直，在十指伸直的基礎上手指盡力

向外張開，直至十指發抖，持續時間約 3-5 秒。此動作過程中呼氣。

（7）綿指法：腕部背屈，前臂先向內絞至極限，然後兩手指向外畫一弧形圓圈；至兩掌心向上時逐漸彎曲手指，呈緊握拳狀保持 3 秒。此動作過程中吸氣。

（8）收勢：兩肘屈曲，兩手收回至腰際；挺胸，兩肩胛骨、兩肘向內夾緊 2-3 秒。然後放鬆手指，並張開成掌，掌心向上。此動作過程中呼氣。

功法與作用

該組動作運動時通過斜方肌、頭夾肌、胸鎖乳突肌等主要肌肉的收縮帶動頸椎、頭顱的運動，能有效改善頭頸部肌肉、關節力學的平衡，矯正頸椎中下段及胸椎上段關節錯縫，恢復頸椎正常生理曲度。

3. 下段反曲練習功法

玄武觀天

（1）預備式：與神龍抬首相同。

（2）頸椎盡量後仰至極限。

（3）在頸椎極度後仰的基礎上，下頜部與胸骨柄處對掙2-3秒。此後仰過程吸氣。

（4）然後慢慢收回到原位，此過程慢慢吐氣。每 3-6 遍為一組。

青牛觀蹄

（1）預備式：身體直立，兩腳分開與肩同寬，右手掌貼在下腹部丹田處，左手背貼在腰骶部。

（2）身體不動，頭部向左側旋轉至最大限度。

（3）兩目光通過左肩後方向右下肢腳後跟處觀看，停留2-3秒。

（4）頭部回到正前方，兩手調換位置，即左手掌貼在丹田處，右手掌靠在腰骶部。

（5）頭部向右側——兩目視向——有肩胛骨後方——視左腳後跟部。每組 3-5 遍。此過程中吸氣。

（6）然後緩慢恢復至原來位置，此過程中呼氣。

托天式

（1）預備式：兩手掌置於腰際，掌心向上，兩手夾緊。

（2）開筋法：兩肘向內旋外展位使兩手指尖相對，掌心

向上托起，兩掌向上升起至頸部時，兩掌從內向外翻轉一圈至兩掌心向上手指相對，移至腦後，然後兩掌向上托起至兩臂伸直。此動作過程中吸氣。

（3）易筋法：兩眼觀手指，兩臂在伸直基礎上繼續盡力向上托起，同時兩手指向外掙開至十指發抖約 2-3 秒。此動作過程中呼氣。

（4）綿指法：兩手掌先向內絞轉至極限後向外旋轉至兩手尖向外平展，兩手抓握成拳，保持 2-3 秒。此動作過程中吸氣。

（5）收勢：緩緩下收至胸前，兩肘屈曲，兩手回到腰際；挺胸，兩肩胛骨、兩肘向內夾緊 3-5 秒。然後放鬆手指，並張開成掌，掌心向上。此動作過程中呼氣。

功法作用

該組動作運動時通過斜方肌、頭夾肌、胸鎖乳突肌等主要肌肉的收縮帶動頸椎、頭顱的抬起、低下、側轉等，能有效改善頭頸部肌肉、關節力學的平衡，矯正頸椎中下段及胸椎上段關節失穩或錯縫，恢復頸椎正常生理曲度。

（三）頸椎間盤突出

自我鍛煉

玄武觀天

（1）預備式：與神龍抬首相同。

（2）頸椎盡量後仰至極限。

（3）在頸椎極度後仰的基礎上，下頜部與胸骨柄處對挣2-3秒。此後仰過程吸氣。

（4）然後慢慢收回到原位，此過程慢慢吐氣。每3-6遍為一組。

根開法

（1）預備式：供手。身體直立，兩腳分開與肩等寬，腳尖向前、十趾抓地，兩膝關節微屈，兩手輕握拳狀置於腰際，目平視。

（2）左肩用力向後上方提拉，同時右肩向前下方沉壓。

（3）左肩向後下方轉動，右肩從前下方前上方拉轉。

（4）左肩繼續從後下方——前下方——前上方拉轉，右肩同時從前上方——後上方——後下方拉轉。

（5）回到左肩上提拉、右肩沉壓的原來位置為一圈。

功法作用

　　該組動作運動時通過斜方肌、頭夾肌、胸鎖乳突肌等主要肌肉的收縮帶動頸椎、頭顱的抬起、低下、側轉等，能有效改善頭頸部肌肉、關節力學的平衡，矯正頸椎中下段及胸椎上段關節失穩或錯縫，恢復頸椎正常生理曲度。

（四）頸椎管狹窄

自我鍛煉

合背拔胸，合胸拔背

　　（1）預備式：同供手勢。

　　（2）兩手握拳，兩肘屈緊向上豎起使肘尖向下；拳心向內且與肩相平，兩前臂呈直立狀相對。

　　（3）兩肩向胸前內合緊同時帶動前臂向內轉，直至兩手臂與肘部在胸前併攏緊靠，背部揪緊。此動作過程中呼氣。

　　（4）兩肩向背後合緊，同時帶動前臂向外轉直至兩拳心向前，兩肩胛骨向後緊合，胸部向前挺、開足。此動作過程中

吸氣。

（5）還原到預備式為一回。

托天式

（1）預備式：兩手掌置於腰際，掌心向上，兩手夾緊

（2）開筋法：兩肘向內旋外展位使兩手指尖相對，掌心向上托起，兩掌向上升起至頸部時，兩掌從內向外翻轉一圈至兩掌心向上手指相對，移至腦後，然後兩掌向上托起至兩臂伸直。此動作過程中吸氣。

（3）易筋法：兩眼觀手指，兩臂在伸直基礎上繼續盡力向上托起，同時兩手指向外掙開至十指發抖約 2-3 秒。此動作過程中呼氣。

（4）綿指法：兩手掌先向內絞轉至極限後向外旋轉至兩手尖向外平展，兩手抓握成拳，保持 2-3 秒。此動作過程中吸氣。

（5）收勢：緩緩下收至胸前，兩肘屈曲，兩手回到腰際；挺胸，兩肩胛骨、兩肘向內夾緊 3-5 秒。然後放鬆手指，並張開成掌，掌心向上。此動作過程中呼氣。

功法作用

該組動作運動時通過頸部、肩部等主要肌肉的收縮帶動頸椎、頸椎部的挺起、開合等，能舒緩頸椎關節緊張，恢復肌肉、關節四維力學的平衡，逐步改善頸椎管狹窄。

托天式圖如下：

圖一　　　　　　　　圖二

圖三　　　　　圖四

圖五　　　　　　圖六

圖七　　　　　圖八

道家健身功法代表人物

應有榮，主任中醫師，教授，道教南宗第 27 代弟子。於 1974 年拜謝大師為師，得其傳授《天台山道家功法接骨心法、口訣》《脈學指南》與《跌損妙方·救傷密旨》（二書合刻，清代咸豐印版）等書籍，得道家之真傳，受師父講解《悟真篇》《金丹四百字》玄妙之理，得道家武火動功。從此堅定不移感悟道法，勤練道功，臨診以深厚的道家內功融合在正骨、整脊手法中為特色，取得了良好的效果。臨床三十餘年間，發現道家所提倡的修身養性、養生續命等絕大多數道家功法，均與中醫「治未病」思想息息相關。特整理功法，主編了《天台山道家功夫正骨真傳》、《天台山道家功夫整脊圖解》《天台山道家功夫治未病三十六式》、《椎間盤退變性疾病治療新法》《天台山道家健身功法三十六式圖解》等道家功夫系列叢書和音響教材由人民衛生出版社出版。供同門學習，實屬功德無量。

所擔任學術、社會職務及獲得榮譽稱號：

中華中醫藥學會整脊分會副主任委員；浙江省中華中醫藥學會骨傷分會委員；國家中醫藥管理局中醫藥標準化項目《中

醫整脊科診療指南》評審專家委員會的委員；台州市中醫藥學會骨傷學組的副組長；浙江省中醫藥重點專科——路橋醫院中西醫結合骨傷科學科負責人；台州市首屆、第二屆名中醫；2014年台州道家功夫正骨獲第四批台州市非物質文化遺產代表性項目，本人被評為台州市非物質文化遺產代表性項目傳承人。

道家南宗針灸
——大道醫學之針法

道家南宗針灸針法

（一）道家南宗首創提皮針法

提皮針法根據《素問》中的論述「善治者治皮毛」「皮毛生腎」而創立。

方法：用普通毫針，一般選用 0.16-0.18 粗的普通毫針，長短不限。將針針入皮層，不到肌肉層，旋轉纏繞，使滯針，

再將針提起，保持 1-2 分鐘。

作用：聚氣、引氣、固氣、調氣、降氣、除濕，以及有金生水的作用。

要點：保持的時間短有聚氣、引氣、固氣的作用。保持的時間長則有降氣、除濕、金生水的作用。

臨床運用：

（1）可用於各種疼痛，包括腫瘤疼痛都有非常快速明顯的效果，多可在 1-2 分鐘內消除各種不同類型的疼痛，已在數百名學生們中間臨床運用數千次，療效非常。

（2）在經渠穴提皮，可快速消除咳嗽與哮喘症狀，臨床運用數百次之多，多可在一分鐘內快速改善咳嗽與哮喘症狀。

（3）大椎脂肪墊，在左液門穴提皮，多可在一分鐘內使大椎脂肪墊明顯消失，學生們在臨床中已成功運用上百例。

提皮針法與道教馬丹陽祖師所創「擔截法」之「擔」法：

擔截法為道教祖師馬丹陽所創，是針刺治病的一種針法，馬丹陽祖師稱其為「擔截法」。《馬丹陽天星十二穴治雜病歌》言：

三里內庭穴，曲池合谷接。委中承山配，太沖崑崙穴。

環跳與陽陵，通裏並列缺。合擔用法擔，合截用法截。

三百六十穴，不出十二訣。治病如神靈，渾如湯潑雪。

北斗降真機，金鎖教開徹。至人可傳授，匪人莫浪説。

　　馬丹陽為道教北七真之一，其針灸醫技尤為精湛，享有盛譽。由於馬丹陽祖師運用擔截法治病療效神速，後世對其擔截法多有研究，但一直未能硬解擔截法之本質。

　　本門創立的提皮針法，正好合上馬丹陽祖師的擔截針法。實際上，擔截法是以象而言其法的。所謂的「擔」，即是挑擔的意思，將生物用擔子挑起來，因此其描述針刺時的象是向上抬。《內經》在言用針治病的時候，重在調氣。肺主氣，外合皮毛，氣在皮毛之中，故言「善治者治皮毛」，即是調氣。提皮針法即是將皮層挑起來，非是將針往深層刺入。挑針之後，能使針刺部位以外的氣能快速聚集，達到氣至而有效的結果，故暗合擔截法，臨床上運用也確有神效。

　　提皮針法與民間的挑風針法有所不同，挑風針法流傳於民間，對於不少病種療效甚佳，但理法不清，運用範圍受限，擴

展運用的思路不明。大道醫學督天門的提皮針法,由於其理法清楚,療效確切,操作簡單,適用的範圍廣,因此得到學生們的熱烈喜愛。

(二) 道家南宗挖坑針法

方法:挖坑針法與提皮針法有相似之處。不同之處即是將針刺入肌肉層,旋轉滯針,再將針提起,保持 1-2 分鐘。用普通毫針,一般選用 0.16-0.18 粗的普通毫針,長短不限。以容易滯針為選用針具之原則。

作用:挖坑聚水、引水生木,增強氣血運行動力,從陰引陽。

要點:針入肌肉層中,旋轉滯針後再提起。

臨床運用:對於各種陰虛引起的肝動力不足的相關病症,採用挖坑針法聚水生木,有良好的療效。

挖坑針法與「擔」法:屬擔法的一種,是擔法中聚水生木的針法。

臨床運用：

（1）胃動力不足引起的不思食，內庭挖坑即有胃口，還可快速降糖。

（2）在太溪或腎俞穴用挖坑針法，可使腎陰得到快速的改善，有明顯的聚水補腎效應。

（3）陽陵泉挖坑（或提皮），可快速的消除乳腺增生，一般數次可消。

（三）道家南宗首創針刺擠法

針刺擠法根據《內經》之理的通、調論述而創立。

方法：用 1-3 寸的普通毫針，在針刺部位直刺進入皮層之後，找其皮下結節，將針從淺層向深層擠，以意合之，意念是將不同的組織貫穿，導引淺表層的組織液向深層注入，以消除皮下瘀堵之氣血。

作用：貫通經脈、調節不同層次的氣血，使之平衡均勻。

要點：主要作用於皮下結節、硬塊、條索、從感覺實、硬、緊的組織，向虛、鬆、空的組織擠。擠法一定要有明確的治前

想法，即從何處而擠，擠向何處，即道家玄普門掌門唐輝老師所言的一針一象。醫者的神要與針合一，針才能聽眾醫者的指令而行事，才能達到所需的臨床療效。

臨床運用：

（1）胃中不適，不消化，食停胃中的，包括胃糜爛，在下脘穴用擠針法，數次可治癒胃糜爛，一次擠法可開胃消食。

（2）小海穴用擠針法，可快速改善心血管的瘀堵，增強脾氣的運化，暖脾。

（3）委中向曲泉用擠針法，可快速補充肝陰，引膀胱水生肝木，改善肝陰不足的症狀。

（4）對椎管狹窄的頸椎或腰椎病，在相應經脈的合穴用擠針法，數次可消除臨床症狀，X 光片也將顯示明顯改善。

（5）在聽會穴用擠針法，對耳聾耳鳴療效非凡，臨床已運用幾十例之多，都取得非常好的效果。

擠針法與道教馬丹陽祖師所創「擔截法」之「截」法：

截，即截止、截住的意思，是將運動的氣血物質截住，並將其輸送到所需的位置去的方法。一般情況下，選擇要截的位

置，一定是經脈氣血較多的位置，而要輸送的位置，一定是氣血虧虛的位置。如果經脈氣血虧虛，無物可截，則用截法毫無意義。同樣的，如果輸送的位置是氣血有餘的，再輸送氣血也毫無意義。截法的運用，在於截其有餘，補其不足。體現出經書所言的，「從陰引陽，從陽引陰」。

擠針法就是截法的一種，暗合馬丹陽祖師之截法。

馬鈺（1123-1183），道教支派全真道祖師，原名從義，字宜甫，入道後更名鈺，字玄寶，號丹陽子，世稱馬丹陽。山東寧海（今山東牟平）人。道教全真道道士。在出家前，馬鈺與孫不二是夫婦。馬鈺是全真道祖師王重陽在山東收下的首位弟子。大定十年王重陽逝世後，馬鈺成為全真道第二任掌教。在道教歷史和信仰中，他與王重陽另外六位弟子合稱為「北七真」。著有《洞玄金玉集》十卷。

道家南宗弟子針灸醫案

（一）張炳山醫案

三叉神經痛案例分享。

張氏，47歲，三叉神經痛七年餘，時發時瘥，曾中醫西醫針灸中藥多方求治未果。發則痛徹心扉，瘥則一如常人。昨日中午，赴友人喜宴，房內空調溫度甚高，出房遇冷風吹之，即發。右頰痛如電擊，不可說話，不可吃飯，痛不可忍，以淚洗面，見之不免令人生惻隱之心。

就診時正值上午病人特別多的時候，病症確實，僅查其痛在三叉神經之第一支、第三支範圍，決定先以針刺之法，瀉其之邪、定痛再言其他。

當時值程師在案前指導；程師指導方案如下：①局部阿是按循到硬結，以毫針散之，並平刺之，引病邪過節（大道醫學獨特的「過節針法」）。②健側陽陵泉陽性點提皮。（如後頁圖）③右足三里、上關（第一支疼配穴）、大迎（第三支疼配穴）。針入三里穴，心無外慕，向四周探刺，待氣至，繼續平

補平瀉，以意合之，使針感傳感到面部。

治療效果觀察：以上三部治療，行①②治法後5分鐘左右，病人自言：痛已去過半。行③治法後，已病去八九。

如此治療四日，第五日，病人未來複診，但打電話告之：已完全不痛，一切如常。

一個月後隨訪，疼痛未再出現。

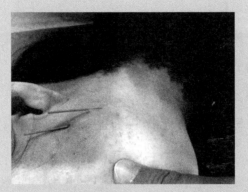

耳前面紅的區域向不紅的區域針刺過節

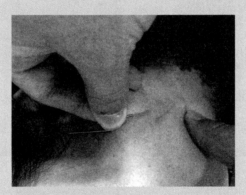

耳前面紅的區域向不紅的區域針刺過節

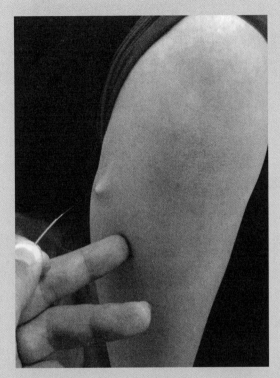

提皮針法

程瑋點評：三叉神經痛，在臨床上屬於不太好治的病種之列，不少人因得不到正確的治療而長期被病魔折騰，十分痛苦。大道醫學體系，本《內經》之旨，善治者治皮毛，無須辨證，只需在其皮毛上找到條索、結節、痛點，再以過節針法調節其皮層下的瘀堵，就能較快的收全效之功。

（二）韓振龍醫案

　　患者女 52 歲，自訴胃部不適二十幾年，主以打嗝噯氣反酸為主，尤以手按其身處會打飽嗝，近幾年此種情況加重，並常年不近生冷硬寒涼，並飲食上以吃稀飯為主，不敢食米飯。同時自訴常年睡眠質量不佳，難以入睡，或睡不着，或睡醒間雜，已有二十幾年，痛苦不堪。同時其最近五六年又出現右肩至腰到昆侖的半側膀胱經痠痛不適，並以進食不當更甚。以往看中醫都以傳統診斷肝胃不和或肝腎陰虧或心脾兩虛處理，其效不佳。

患者於 2017 年 3 月 16 日來我處就診，觀其人瘦高，臉偏紅清瘦，腿長，半頭白髮，一臉憂愁象，觸其身即可見筋骨，無土之象。遂斷為木實金虛，採用瀉南補北法，主以半夏瀉心湯瀉南火以使君相二火歸於下，火瀉則木弱，加熟地山藥補北水以使龍火得潛，水旺則火弱，金則強。稍佐以桂枝湯調和中焦，以調和四旁肝肺之路。三劑後，病人反饋，效佳，遂原方續服近一月，諸證好有八成！

　　程瑋評論：大道醫學的中醫診斷，並不以通常的中醫四診作為其診斷的主要依據，而是根據《內經》原理，從系統的角度來分析。其中，望形就是其中的一個重要方法。治病如用兵，《內經》言：「得一之情，已知死生。」古之察兵，觀其埋鍋造飯就知用兵多寡，診斷也一樣，只需知道某一二個主症就能斷定。本案並未按前醫診斷醫治，而是根據其高瘦，筋骨外露，皮肉相連，肌肉虧虛而得出的木旺土金二虧，從而得出治療方案，是抓住了問題的本質，故使二十多年的頑疾三劑湯藥即效。

（三）曲萬強醫案

《尿失禁醫案》

姓名：劉氏，女，年齡，71，山東青島人。今年 3 月份小便沒知覺流出，每晚無知覺自尿五六次，給家人生活帶來嚴重不便，血壓 80-150。吃飯喝水正常，有癡呆，家屬以其尿失禁而求治。經西醫診斷沒定論，輸液一週沒改善，家人隨即讓其出院回家調理。

治法：溫灸久灸精明，昆侖。

第一天，溫灸精明，昆侖各一個小時，當天晚上尿失禁次數明顯下降到 4 次。第二天繼續各灸一小時，當天晚上即能感覺尿意，但還是憋不住來不及去廁所。灸至第四天，老人臉色明顯紅潤，每天晚上尿兩次，能自知，會主動排尿，明顯好轉，癡呆症狀也明顯改善，血壓降。後囑其家人自灸。

> **程瑋點評：**經言，「膀胱者，洲都之官，津液藏焉，氣化才能出矣」。本病的發生，與膀胱氣太旺有關，而

非膀胱腑氣不足。膀胱腑氣旺則津液盛，津液盛則土為之虛，土虛則不約，故小便自出不自知。經脈是個無端的循環，膀胱腑氣經從睛明出，至至陰止。足太陽膀胱經氣根起於至陰，即從至陰而出，結於命門，命門者，目也。膀胱經腑氣太旺無所出，才引起小便不約。膀胱腑氣從睛明而出，若不從睛明而出，則臟腑內部氣生濕，濕生寒，寒生水，水多則脾虛不約，從尿道而出不自知。故選穴睛明灸法，開散膀胱腑氣。灸昆侖，可開太陽，太陽開則膀胱腑氣有外散空間，外部空間開則血壓降。

道家南宗針灸代表人物

程瑋（程嗣瑋），江西人，現年 56 歲。道教南宗第二十八代皈依弟子。

廣西中醫藥大學和廣西醫科大學的碩士生導師、廣西中國東盟醫療保健養生協會副會長、廣西中西醫結合學會常委、浙

江省道教學院中醫客座教授吳曙粵老師中醫師承弟子。

中醫暢銷書《經穴探源》作者。目前百度詞條中的常規 365 個穴位的解釋基本上都錄自《經穴探源》一書。

浙江省天台縣養生文化研究會道醫分會秘書長；2012-2017 年六次浙江省天台縣桐柏道醫會主持策劃人；南宗大道醫學督天門發起人；自 1995 年開始學習中醫，因《難經》而啟蒙，由《內經》而進學，二年而立著，十年而成書。2011 年皈依道教南宗祖庭桐柏宮張高澄道長門下後，在師父與師兄們的指導下開始道醫學習與實踐。

主要特點：以正確解讀《黃帝內經》基本概念為主要突破點，完全按照《內經》的自然大道原理與方法進行臨床實踐，在理論與技法上有諸多突破性的認知。

道家超長鑫針
——李氏圓旡針

　　中華先祖中醫傳承下來的《千古中圓超長針》是：承龍脈、連慧根、德靈性——超長鑫針；每天一針，開啓一穴，能除疾患，消病業。

　　玖針龍法具有功夫養生；美體寶健；延年益壽；開智生慧；全息經絡；正氣混元；內外雙修；強化本能；提升人體能量與生活質量的作用。推行「文明太吉、如意開心」仁生行為。

　　長針的特點：①深度調理。久病重病效更佳，可提高癌症病人的生活質量，止痛更佳。②進針到位後不行針，不提插不捻轉。可留針。③取穴定位簡單每天一針，一穴。另外，不受

時間空間的限制，預防、保健、養生、修煉都有幫助。

練習超長鑫針沒有年齡、性別之分，不一定要有醫學基礎知識。但要求有大愛、無私、奉獻、善良品行好，有靈性和悟性；要捨身試針。僅要求自身修煉到位，持長針人實證、實修、自身有能量，能輸送給他人（能讓別人接收得到即可）。需對學者傳授技法、功法、心法等，並且臨床帶着給病人治療，且開發其靈性方可大成。

超長鑫針進針基本方法（口訣）：

靜心、凝神聚炁，混元歸一氣沉田，

神心意眼手身合一，足力扎根大地，

腰肩肘腕手指，氣達針尖炁開穴，

深吸長閉呼行氣針，吸氣到臍呼到腎，

迅進徐行氣在前，迎隨真炁找病灶，

調吸緩出拔病根！遇癥瘕痞塊病灶，

真心念動結自開，調動先天熱能量，

逆生長又有何難！

醫案分享：

案例一 ⎯⎯⎯⎯⎯⎯⎯⎯⎯⎯⎯⎯⎯⎯⎯⎯⎯⎯⎯⎯⎯⎯

李妍，現年 46 歲，鄭州市人，現任職於：棉紡路與嵩山路交叉口西側 ⎯ 木垚工作室，是一名心理師。2017 年 2 月 25 日因突發心悸，胸悶一個小時，噁心，嘔吐，大汗等症狀去醫院就診，查心電圖：陣發性室上性心動過速，心律失常，心率高達 192 次 / 分。經鄭州市中心醫院一週的藥物治療，病情無好轉，主治醫師建議手術治療，但是李妍女士深知手術將會帶給她的痛苦，在機緣巧合的情況下，她聽聞病友講述：李威大夫醫術高明。於是，她帶着信心和信念赴至李威大夫處。第一天的調理完畢後，李女士的心律便恢復正常，她激動地説，感謝李大夫幫她從醫院的手術刀下逃了出來！

案例二 ⎯⎯⎯⎯⎯⎯⎯⎯⎯⎯⎯⎯⎯⎯⎯⎯⎯⎯⎯⎯⎯⎯

北京某醫院醫師，弓腰駝背 14 年，四處求醫未果。2017 年經朋友介紹到我處針灸。用超長鑫針施針一次，駝背就有了明顯改善。半月後進行第二次施針，已經無駝背。一月後送來了錦旗，當面致謝。

一月後送來了錦旗，當面致謝。

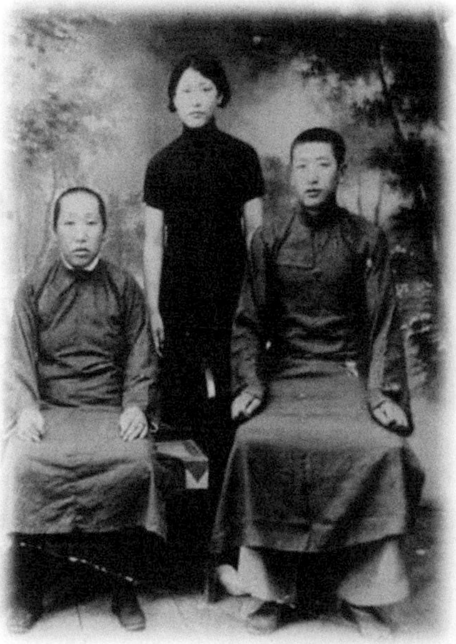

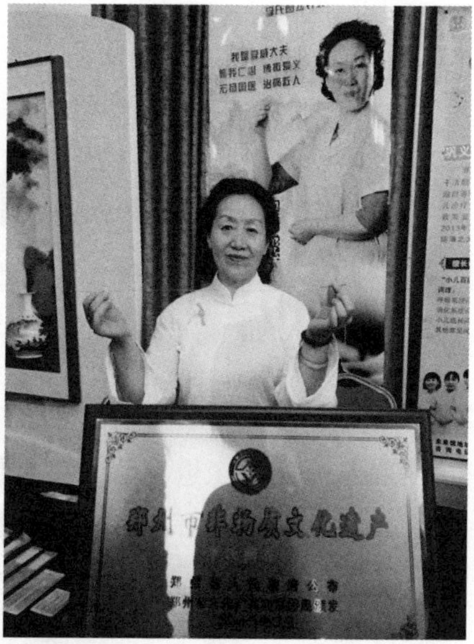

李威（徐靜威），超長鑫針——
李氏圓炁針傳人。

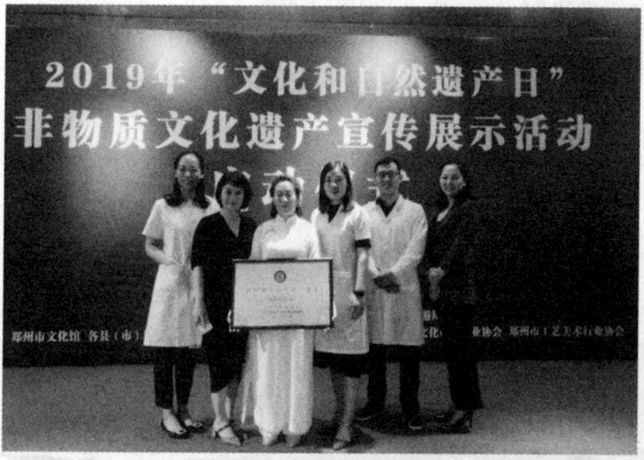

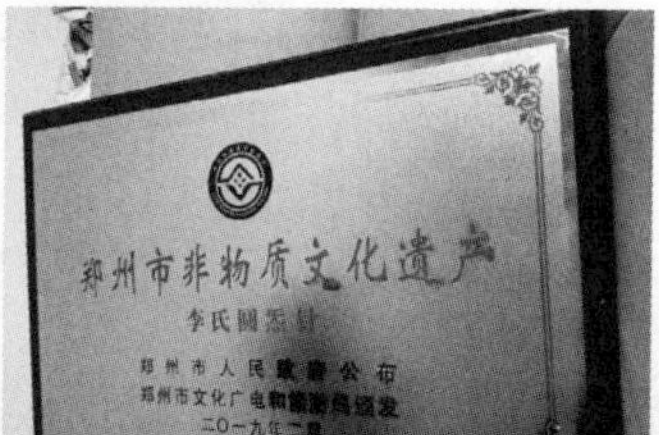

代表人物簡介：

李威（徐靜威），超長鑫針傳人。

據家中的超長針醫術譜系記載：清朝 1909-1912 年，慈禧、光緒國喪期後，劉御醫也出了皇宮回到東北在我家開有大藥房坐堂行醫。他一直修煉道家內功和使用超長鑫針（7 寸至 2 尺餘即是 50 至 70 厘米），活人無數。劉御醫無後，收我祖爺爺為徒，秘傳了道家功法和超長針的絕技。他臨終前叮囑我祖爺爺，長針技藝只能家傳，並要求此技藝傳女不傳男。並說若無靈性聰慧子女也可隔輩傳之。傳人：劉御醫 — 祖爺爺 — 祖姥姥徐韋氏 — 太姥姥閆真武 — 我的姥姥（過早離世）。太姥姥把密傳的針術傳給我（我不滿十歲時，我太姥姥活到了 99 歲），她讓我按口訣自己以身試針，體會超長針的靈驗。

超長針絕技在我家已經秘傳五代人，有 115 年之久。它是道家的秘傳技術，中華民族醫術中的瑰寶。為了讓這門絕技不失傳，2019 年此超長針技藝作為民族非物質文化遺產獲鄭州市人民政府頒發鄭州市非物質文化遺產的榮譽，願把祖傳道家絕技無私傳給下一代，道氣長存。

道家砭術

道家砭術介紹

「刮痧療法」即是砭術。《黃帝內經》記載我國古典中醫四大醫術分別為砭、針、灸、藥，砭術排在第一位。

砭術以中醫經絡穴位理論為宗旨，可直接在皮膚上操作、也可隔着棉織物操作，在無痛苦的前提下使用「感、壓、滾、擦、刺、劃、叩、刮、拍、揉、振、拔、溫、涼、聞、擲」十六種方法（砭術十六法），使體內的痧毒，即體內的病理產物得以外排，從而達到治癒痧證的目的。因很多病症刮拭過的

皮膚表面會出現紅色、紫紅色或暗青色的類似「沙樣」的斑點，人們逐漸將這種療法稱為「刮痧療法」。

刮痧板是刮痧的主要器具，刮痧板通過刺激人體的相關經絡、穴位，從而達到活血化瘀、疏通經絡、行氣止痛、清熱解毒、健脾和胃、調和陰陽，溫經散寒，行氣活血，增強皮膚滲透性，改善臟腑功能，增強免疫功能的功效。刮痧是一種傳統的綠色療法，能改善人體血液循環，促進新陳代謝，增強人體免疫功能，刮痧板是一種治病防病的非藥物無損傷的自然健康療法器具。

道家南宗的銅砭（專利號 201720897592.0；專利號 201730325744.5）是一種可用於全身刮痧的刮痧板，實現一個刮痧板就可滿足身體各個部位刮痧的需求，整個刮痧板貼合人體的大小肌肉和骨骼來設計，確保可以刮到人體的每一寸肌膚。

刮痧板的材質為銅，刮痧板的重量適中，在刮痧時可以結合刮痧板本身的重量形成的板壓來進行推刮，使刮痧作業更加省力。刮痧板本身採用銅材料，可以高溫消毒，以防止交叉感染。銅質地堅固，板身不怕摔、不怕磕碰、不怕高溫，經久耐

用。現代研究證實，酸毒和銅反應產生黑色物質，因此利用銅材質的刮痧板可以刮出黑痧，這是其他一般材質的刮痧板都不具備的功效。

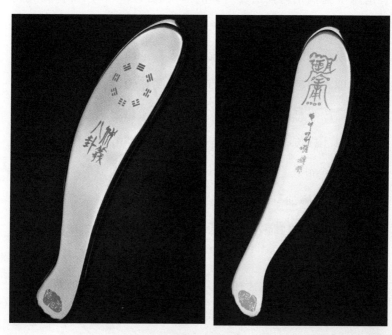

純銅刮痧板

中醫臟腑理論告訴我們：肺主皮毛，肺五行屬金，銅五行也屬金，同氣相求，在皮膚上刮痧，當然銅是最佳選擇。老祖宗留下來的刮痧，就是銅錢沾香油，這是老祖宗的中醫智慧！

道家南宗的銅砭優選環保材料，精雕細琢加工而成。上刻有南宗祖庭桐柏宮張道長所書的「伏羲八卦」、八卦符咒及九天應元雷聲普化天尊的神咒。

道家南宗的砭術世襲古法，講求心意傳承，以觀全局而調局部的理念，感氣調經、驅邪補氣，到達悅心喜達無痛苦的柔和刮痧之法。刮痧前可予「放痧茶」活血化瘀補益氣血，刮痧後再予以「痧後茶」托痧排毒補益氣血，事半而功倍。

附：

（1）刮痧油：簡單的可以用陳年的山茶油；

或用刮痧油：羌活、獨活、紅花、威靈仙、細辛、附子、乾薑、薄荷等。

（2）放痧茶：主要成份──山芝麻、一包針、古羊藤等。

痧後茶：主要成份──五指毛桃、仙鶴草、紅棗等。

（3）咳嗽刮痧主要部位：肩井、肩胛環、前後肋間隙、尺澤、魚際、豐隆穴。

病案分享：患者李 XX，女，28 歲，外感後嚴重咳嗽二十餘天，求助西醫、中藥治療之後症狀改善不明顯，尋求刮痧治療，當天刮完咳嗽即止。

南宗砭術代表人物

范嗣曧：道教南宗第 28 代弟子，南寧宸恩中醫館負責人。師承張吳曙粵老師學習中醫學。對針灸、刮痧、藥茶方面頗有心得。善安心調神、調理治療心血管疾病。秉承道家的煉養原則，在恩師指導下和同門師兄一起，研發出土陶艾灸罐，經上千例臨床實踐，效果卓著，並獲三項國家專利。

因自幼身體狀況不佳，每病多以砭治，及至成人定居廣西，當地民間痧法盛行，學習收穫頗豐，亦曾隨當代砭術大家李湘授、李道政學習他們的技法和理論。入道後將民間砭術再融合道家砭術，博採百家之長，總結創出一套舒適無痛感且療效顯著的砭法，深得民眾患者之心。

道家南宗三生艾灸罐

　　艾灸治療中的溫熱刺激是其產生療效的主要特性和原因之一。因此，「溫通」是艾灸治療的主要作用之一。中國道家南宗三生艾灸罐（以下簡稱三生罐，專利號：201710530666.1；201730284758.7；201720788900.6）屬於溫灸器具。

　　南宗認為養生過程是一個生理心理長期綜合訓練的過程，即強調先天稟賦的繼承，又強化後天的身心修煉。

道家南宗三生艾灸罐

三生艾灸罐介紹

　　三生罐不只是簡單的艾灸罐，它源自道家輔助修煉的養氣器具，當罐置於人體上時會促使人體穴道之氣產生旋轉，氣流在旋轉的過程中產生一個太極陰陽魚，配上艾灸後強化了氣流旋轉，使得艾之陽氣能更快速深入滲透進肌體到達病灶，故其艾灸效果遠非一般艾灸器具可比。

　　三生罐為純陶土罐，精選上好的土質。土質性重質厚，具有承載、受納、向下伏火藏火的特性，是最適合於做艾灸器的材質。

　　三生罐，在結構設計上謀求達到最好的艾灸滲透效果；嚴格土質選擇且採用一千多度的高溫燒製，在燃燒和透氣上力求最高標準。三生罐艾灸以節省人工、節省艾條艾絨、滲透效果好、養氣效果好的特點而廣受歡迎，可以在寒、熱、虛、實症的調理治療中均能取得良好的效果。

道家通過觀氣發現，人的準確穴位在描述穴位往上一點或往下一點或者偏一點，艾灸罐把握住這一小片區域，「艾陽」會自動循穴而入，效果很好。

艾灸調理，強調耐心堅持，準確把握「急則治標、緩則治本」的治療原則。針對慢性或者急性疾病，艾灸的溫通作用可以對應有緩溫通或者急溫通；而針對體質調理養生而言講究「徐徐而調之」。

一般來說，對於經絡阻滯、氣血不通的急重症，艾灸治療需要量大火足，一兩次起效——即刻效應破瘀、逐痰；對於痰濁瘀滯、氣血不暢的慢性疾病，艾灸治療可以量小火緩、徐徐溫煦——積累效應化瘀、化痰。

現代人生活節奏快，七情受損，飲食不合理、缺少鍛煉，陽氣不足，筋脈淤堵，體質偏寒涼。艾灸的適應人群甚為廣泛。

比如現在多見的大腹便便之人，常常肚腹冰涼，即是中焦下焦寒痰瘀堵、內臟的氣化功能不行。屬「三高」人群或「三高」等慢病的高危人群。

用三生艾灸罐使用正宗蘄艾、艾灸中脘關元足三里等穴。灸一段時間後，肚子裏面就開始氣化，肚子裏就開始咕嚕咕嚕

叫，就能聽見水聲，這說明艾陽已入、推動內部正在進行氣化。一般情況這些患者十天後肚腹溫度都明顯上升腰圍尺寸明顯減小。持之以恆「徐徐而灸之」積累效應化瘀、化痰，身體健康狀態就大為好轉。

小兒保健灸：小兒多是脾胃功能較差，導致免疫力低下，常見易感冒，咳嗽、咽喉發炎導致發燒等病症，常灸身柱穴、天樞穴，配合捏脊，體質可較快提升。

補元氣保健灸：推薦道家玄普門掌門唐輝老師的煉精化氣灸（雙環跳加命門）和元氣動力灸（關元加足三里）。

南宗艾灸代表人物

謝嗣尚：心理學博士，浙江道教學院副院長，道教南宗第
28代弟子。師承吳曙粵老師學習中醫學。對針灸，刮痧，藥
茶方面頗有心得。善安心調神、調理治療各種疾病。秉承道家
的煉養原則，在老師指導下和同門師兄一起，研發出土陶艾灸
罐，經上千例臨床實踐，效果卓著，並獲三項國家專利。

謝嗣尚副院長與浙江道教學院第一屆本科畢業生道醫組專業學生
合影

道家五音療疾

五音療疾介紹

中國傳統醫學音樂療法的歷史悠久。《呂氏春秋・古樂篇》云：「昔陶唐之時……民氣鬱閼而滯着，筋骨瑟縮不達，故作舞以宣導之。」原始歌舞實際就是一種音樂輔以運動的療法，以此達到疏解鬱氣、暢達筋脈、調理心身的養生目的。

繁體字中，「樂、藥」二字同源，這說明，古人很早就意識到，音樂與藥物一樣，對人體有調治的能力，可以舒體悅心、流通氣血、宣導經絡，還有歸經、升降、浮沉、寒熱、溫

涼的作用，具有中草藥的各種特性。元代名醫朱震亨則明確指出「樂者，亦為藥也」。

歐陽修曾著《送楊寘序》，他說：「予嘗有幽憂之疾，退而閒居，不能治也。既而學琴於友人孫道滋，受宮聲數引，久而樂之，不知其疾之在體也。」他通過彈習古琴，治好了「幽憂之疾」，相當於現代所說的抑鬱症。可見，音樂對於情志的調和，是有治療作用的。「琴棋書畫」中，琴排第一位，也說明在修身養性方面，音樂最有力量。

在中醫心理學中，音樂可以感染、調理情緒，進而影響身體。在聆聽中讓曲調、情志、臟氣共鳴互動，達到動蕩血脈、通暢精神和心脈的作用。生理學上，當音樂振動與人體內的生理振動（心率、心律、呼吸、血壓、脈搏等）相吻合時，就會產生生理共振、共鳴。這就是「五音療疾」的理論基礎。

《黃帝內經》記載「天有五音，人有五臟；天有六律，人有六腑。」並將宮 gōng、商 shāng、角 jué、徵 zhǐ、羽 yǔ 五音，與五臟相配：脾應宮，其聲漫而緩；肺應商，其聲促以清；肝應角，其聲呼以長；心應徵，其聲雄以明；腎應羽，其聲沉以細，此為五臟正音。《樂書》云：「故音樂者，所以動蕩血脈、

流通精神而和正心也。」

　　一般而言，與傳統五聲音階的「宮、商、角、徵、羽」（相當於現在的 12345，即：do、re、mi、sol、la）5 種調式相對應的曲目，可以作為通用的五音療法來作為日常的音樂養生療法，試以古琴曲為例：

　　（1）宮調式樂曲，風格悠揚沉靜、淳厚莊重，有如「土」般寬厚結實，可入脾；如《高山》、《流水》、《陽春》等。

　　商調式樂曲，風格高亢悲壯、鏗鏘雄偉，具有「金」之特性，可入肺；如《長清》《鶴鳴九皋》《白雪》等。

　　角調式樂曲構成了大地回春，萬物萌生，生機盎然的旋律，曲調親切爽朗，具有「木」之特性，可入肝；如《列子御風》《莊周夢蝶》等。

　　徵調式樂曲，旋律熱烈歡快、活潑輕鬆，構成層次分明、情緒歡暢的感染氣氛，具有「火」之特性，可入心；如《山居吟》《文王操》《樵歌》等。

　　羽調式音樂，風格清純，淒切哀怨，蒼涼柔潤，如天垂晶幕，行雲流水，具有「水」之特性，可入腎；如《烏夜啼》、《稚朝飛》等。

《素問‧舉痛論》云：「百病生於氣」。這個「氣」不僅是情緒，也包含臟氣。根據個體差異，配合不同的音樂，運用五行生剋制化之理，使它們搭配組合，適當突出某一種音來調和身體，祛病養生。

　　《靈樞‧陰陽二十五人》根據陰陽五行學說，將人體稟賦不同的各種體質歸納為木、火、土、金、水五種類型，每一類型，又以五音的陰陽屬性及左右上下等各分出五類，合為二十五種。所以古人認為養生治病，「當首察人體之陰陽強弱」（清章楠《醫門棒喝》）。

　　金、木、水、火、土五行，對應肺、肝、腎、心、脾五臟。五臟安，則百病不侵。五行五臟，相生相剋、相乘相侮，只有理解這當中的關係並運用好，才能實現五臟的和諧與平衡，達到養生的目的。

用音樂調理五臟的原理和方法：

1. 五行生剋制化的關係

　　肺（屬金）：土生金，金難生土，而金生水，水反能令肺金生，肺腎兩臟相互親近，比土金更親切。故強肺必強腎健脾。

　　肝（屬木）：肝木本性曲直，無金不成器，如無金的克制，會更鬱閉不平和。治肝病必先解鬱，可採用疏散和瀉下兩種方法。疏散可用音樂療法（如前文所述歐陽修彈琴治癒抑鬱症）。

　　腎（屬水）：腎水有補而無瀉，永不嫌多。而補腎水，則必須滋潤肺金。

　　心（屬火）：滋腎水安心火，則心火才會永久安靜；捨腎水安心火，則心火仍會妄動。

　　脾（屬土）：脾土最喜命門相火，命門之火是腎中之火，是水中之火，是既濟之火，故而補脾土必須先補腎水。

2. 五行生剋制化的調理方法：

（1）脾肺氣虛體質：補益脾肺

脾濕土也，則土中有水。脾最喜水火既濟的命門之火，因命門是水中之火。若強脾，當固腎水強命門，再呼吸吐納補肺以生腎水。則應多聽宮、商、羽調的琴樂。

肺喜土之微火以通熏肺金。然土生金而金不能生土而生水，腎水可調脾之微火而生肺，故肺腎兩臟相親較土金更加親切。若強肺當強腎健脾。也是要多聽宮、商、羽調的琴曲。

推薦琴曲：《良宵引》《思賢操》《平沙落雁》等。

（2）濕熱體質：疏肝利膽

肝氣最厭鬱閉，其次厭不平和。治肝必解鬱為先，其次平肝。平肝解鬱用疏散和洩下二法，使肝氣平和，從而膽汁排洩正常幫助消化，使脾胃不受其剋。多聽角、羽調的琴曲如《鷗鷺忘機》《平沙落雁》等。

（3）陰虛體質：滋養腎陰，清降虛火，鎮靜安神

滋養腎陰當強腎固精及呼吸吐納金生水法。多聽商、羽調琴曲如《陽關三疊》《平沙落雁》《思賢操》等。

（4）針對「本因」用音樂調理的

方法 1 萬曆年查出年月日，日干主五行，根據其日干所主的五行進行補虛瀉實。

如：2000 年 7 月 23 日子時出生。日的天干是癸，五行屬水，即是俗話說的「水」命，需要關注他的腎經和膀胱經，也要關注他的腎和泌尿系統的疾病。音樂個性化調理的治療是補「金」和「水」，瀉「木」。

方法 2 排四柱（年月日時）得出的人體五行的多寡，進行分析。看其年、月和出生時辰的干支與日干的五行關係。音樂個性化調理按照其五行的多寡進行補瀉，調理平衡。

琴音養生卻病代表人物

　　林嗣旻，道家南宗的俗家弟子。古琴師從王力剛先生，遵從吳派汪鐸先生之琴道，結合南宗修煉功法，踐行以琴養生，以琴入道。

道家香療及香道傳奇

香，一種玄妙無聲的語言。

香者，煙也；煙者，氣也；氣者，陽也；陽者，固也；陽氣，是生命的根本；陽氣，是人體抵禦外邪的衛士；陽氣，是人體最好的治病良藥。

道家香道介紹

道家香歷來一直備受人們推崇，在歷史的傳承中也更加完善，在道教修煉養生中，香被稱為藥，是修行的必要輔助品。

道士每天的早晚課中都要誦《香贊》和《祝香咒》。道教認為焚香可感通神降、傳達心意的理念。梁陶弘景在《登真隱訣》中亦曰：「香者，天真用茲以通感，地祇緣斯以達信，非論希潔、祈念、存思，必燒香。」道教也使用香來淨化環境，以安心修煉。道教認為有八種不同於世間凡香的「太真天香」，即：道香、德香、無為香、自然香、清淨香、妙洞香、靈寶慧香、超三界香。

　　孫思邈真人所傳的道家五行香針對修道煉丹和五行缺失之用。如五行屬水，心弱，點火。

　　色紅、味苦——火；色黃、味甜——土；

　　色綠、味酸——木；色白、味辛——金；

　　色黑、味鹹——水。

　　藥香通過呼吸道及皮膚的吸收作用於全身皮膚、腧穴後，通過神經體液裝置系統而調節高級神經中樞、內分泌、免疫系統的刺激效應，達到迅速調整，人體臟腑氣血和免疫功能，治癒疾病，改善全身生理過程等作用。皮膚是人體最大的器官，除有抵禦外邪侵擾的保護作用外，還有分泌、吸收、滲透、排洩、感覺等多種功能。

藥香的使用方法介紹：保持平和的心態以及恭敬心；選擇一個安靜舒適的環境；聞香前，必須沐浴更衣，穿着寬鬆舒適的衣物（薄紗最好），有助於藥香的吸收（藥香主要經由嗅覺器官和皮膚的吸收對身體產生作用）；燃香前，需折掉一點點香頭（約 2 毫米），然後點燃折去香頭的一端；聞香中保持整個人的心態平和，不隨意走動，保持安靜；聞香結束，規整好器具；香灰收好不能亂丟，因為這是你的精氣神；聞香修身過程中一定要注意飲食營養，保證充足的睡眠；聞香過程中要多喝溫水，幫助排毒；做好每次聞香後的記錄（身體的變化）。

孫思邈真人和香道療癒

　　先祖（藥王孫思邈）的《千金要方》和《千金翼方》中，收載了當時宮廷和民間的大量熏香、美容、去垢、避瘟、療疾之用的香品製作方法。《千金翼方》中：「面脂手膏，衣香澡豆，仕人貴勝，皆是所要。」可見唐代香療法的應用十分普遍。他說：「然今之醫門極為秘惜，不許子弟洩漏一法，至於父子之間亦不傳示。然聖人立法，欲使家家悉解，人人自知，豈使愚於天下，令至道不行，擁蔽聖人之意，甚可怪也。」

　　藥香發明創造名稱：一種用於調理人體機能紊亂的中藥藥香及其製備方法，專利證號：201710135450.5

　　下面列舉五款藥香，分別為葵陽、回芡、三化眉、煊氈、宓元。

【藥香名稱】

葵陽

【成份】

桂枝 20 克、當歸 15 克、麻黃 10 克、薑黃 8 克、杜仲 8 克、

葵阳

暖身、补血益精
助阳化气、祛风寒

古龙香

成 分　肉苁蓉、蛇床子、黑木耳、桂枝、当归、杜仲等。

规格　线香，每瓶28支，每支约直径2.7mm×高105mm。

用量　成人每日一次，每次一支，四支为一个小疗程，每两个小疗程中间隔两天，期间不使用药香，连续七个小疗程为一个疗程。

藏装　玻璃瓶装，每瓶装28支。置于通风有阳光处。密封。

保持平和的心态以及恭敬心；

选择一个安静舒适的环境；

必须沐浴更衣，穿着宽松舒适的衣物；

（药香主要经由嗅觉器官和皮肤的吸收对身体起作用，需折掉一点点香头（约2毫米），然后点燃，保持整个人的心态平和，

好不能乱丢，因身、身过程中一定要注意

，帮助排病气，次闻香后

白豆蔻 7 克、九香蟲 5 克、肉蓯蓉 5 克、黑木耳 4 克、燈籠草 4 克、蛇床子 3 克。

【功效】

暖身、補血益精、助陽化氣、祛風寒。

【適用症狀】

手腳冰涼、血虛、精虧、腎虛、陽氣不足、風寒等。

【藥香名稱】

回芠

【成份】

青木香 30 克、高良薑 30 克、花椒 20 克、桂皮 15 克、砂仁 15 克、茯苓 12 克、花生衣 10 克、紅棗 5 克、益智仁 5 克。

【功效】

行氣調中、化濕暖胃、溫脾、解毒止瀉、壯肝膽。

【適用症狀】

脾氣虛弱、倦怠乏力、消化不良、嘔吐、疝氣、濕邪、脾胃虛弱、運化失常、食慾不振、洩瀉、腹脹、肝氣鬱滯、鬱積、抑鬱、梳理肝膽氣機、兩目乾澀、便秘、胃寒等。

【藥香名稱】

三化眉

【成份】

川芎 25 克、七仙草 25 克、首烏藤 20 克、菩提葉 18 克、琥珀 12 克、養心草 10 克、麥苗 8 克、沉香 8 克、天麻 5 克、半枝蓮 5 克、熟地黃 5 克。

【功效】

鎮驚安神、通經解煞、行氣開鬱、改善骨髓微環境；

對抑鬱有功效，有利於大小周天和中脈。

【適用症狀】

驚恐症、心悸、失眠多夢、精神恍惚、化煞以調整環境能量場、抑鬱寡歡、氣機淤滯、血液疾病、骨髓造血疾病等。

【藥香名稱】

煊甄

【成份】

柏木 20 克、木賊草 15 克、香樟木 15 克、桂枝 15 克、伸筋藤 12 克、天木 10 克、老薑 10 克、百部 10 克、紅花 10 克、

甘草 6 克、附子 5 克、白蓮蕊 3 克。

【功效】

祛邪風，除濕毒，祛惡寒；

潤泥丸和神闕對頭部和胸部的莫名疼痛有緩解作用。

【適用症狀】

流感、風濕、關節炎、偏癱、中風、半身不遂、濕疹、瘙癢、手腳冰涼等。

【藥香名稱】

宓元

【成份】

枸杞葉 25 克、首烏根 20 克、透骨草 15 克、首烏藤 15 克、生薑 15 克、甘松 10 克、黨參 8 克、參鬚 8 克、琥珀 5 克。

【功效】

除煩益志、補五勞七傷、壯心氣、護心神、安魂魄。

【適用症狀】

四肢怠惰、腰腿痠軟、精神不振、心慌、氣短、乏力、心悸等。

道家香療醫案

老由今年 96 歲，醫院診斷為「腎萎縮」，臉部、手腳均嚴重浮腫，茶飯不思、便秘已持續多年。因治療過度，脾胃和肝腎受到嚴重影響。其子四處奔波，查閱資料，使其情緒焦慮、夜不能眠。

兒子為了父親能早日康復，查閱了許多醫藥書籍，諮詢了多位腎臟病朋友，認識了藥香。

在查看了老由的醫檢報告後，給老由先配製了以調和脾胃、扶陽助氣血的藥香「葵陽」和「回芡」。同時，為小由長期的失眠也配了枕邊香「宓元」，建議他和父親同時聞香。

4 月 6 日，老由和小由開始聞香調理；

第 4 天，老由的便秘改善了，排便順利，排便後身體很輕鬆。聞香第 3 天小由的睡眠也大有改善；

第 10 天，老由氣色有了明顯有改善，面部浮腫已經消退，出現了紅潤；便秘情況已經完全消失了，每天聞香後會立馬出現一次排便，像水一樣很稀，隔天早上也會有一次排便。小由

失眠的現象已經徹底消失。

案例二

　　曹女，54歲，年輕時有嚴重的胃下垂，導致嚴重的氣血雙虧、消瘦、色黃，身上的血管都是癟的，小腿上血管處有明顯是凹下去的一道溝。配了調和脾胃、扶陽助氣、壯氣血、延緩衰老的藥香「葵陽」「回芰」「木青子」和「華蓮」進行調理。

　　第1天，聞香時身體會暖暖的，偶爾會微微出汗很舒服，在聞香期間伴有不停流淚和流清水鼻涕的現象，香一點完這個現象就消失了；

　　第8天，眼乾眼澀的現象基本消失，睡眠質量也有了很大的提升；

　　第13天，聞香期間出現類似重感冒一樣的症狀，頭暈、不停打噴嚏、流鼻涕的現象持續了兩天，期間量體溫並未發燒；

　　第15天，聞香時出了一身酸臭酸臭的大汗，連患者自己都受不了，洗了兩回澡。隔一天早晨起床時發現，類似重感冒的症狀消失，眼睛明顯變亮了，皮膚也不再是亞光暗黃色，像在表面罩了一層的黑氣消失了，整個人變得更加敞亮，同時鼻

櫟上的斑明顯減淡一半，眼袋變小。

第 26 天，腿上血管處的那條溝變得鼓鼓微微高於皮膚表層，稱體重長了 5 斤，面色也有了一點紅潤，整個面部、胸部都有不同程度的上提，這時才想起來之前因為眼乾，每天一直要滴的眼藥水從聞香開始就再也沒有滴過。

案例三

何女，68 歲，失眠已近 4 年，每天 2 片安定，有時 3 片也無法入睡。配了藥香「葵陽」「回茯」「木青子」進行調理。

第 1 天，在沒有服用安定的情況下晚 9：30 左右入睡，早 7：10 醒。第 2 天，晚 8：50 左右入睡，早 6：50 醒。起床後回饋稱，原來每天起床後頭部依然昏沉像沒睡過，現在睡醒腦部很輕鬆和精神。之後用香的同時調整生物鐘並配合適當的運動。至今失眠症狀已經完全消失，每天晚上 9：00 左右自然入睡，早晨 7：00 左右自然醒後頭腦清晰。並稱在聞香時肩胛有微汗排出，胃暖，食慾漸大，精神變佳。

何女，65 歲，患有嚴重角膜炎，三十多年的眼疾幾近失明，外出一遇光亮，眼前就冒金星，啥也看不見。配了藥香「葵陽」「圓融」進行調理。

第 3 天，她說眼球有痛感、眼眶難受。囑咐其聞香調理要多喝水，做好每天聞香後的記錄；

第 5 天，這個痛感消失了，以前外出一遇光亮，眼前就冒金星，啥也看不見，要持續十多分鐘才會緩解，而今天早上到樓下，這個感覺沒有了；

第 10 天，原來閉眼時眼前橫七豎八的白線消失了；

第 13 天，原本遇光失盲的現象徹底消失。

南宗香道代表人物

郭桐至、字青柏、號爐盈，藥王孫思邈第 48 代孫，藥香傳人，靈性繪畫行者；全國著名的兒科專家、廣西中醫藥大學和廣西醫科大學的碩士生導師、廣西中國東盟醫療保健養生協會副會長、廣西中西醫結合學會常委、浙江省道教學院中醫客

座教授吳曙粵老師的中醫學弟子，通過學習致力於對道家藥香的傳播，將通過本文把先祖孫真人的道家部份藥香撰寫出來，讓更多人體味到道家藥香的獨特魅力。

周明、字離坤、號玄星，儒家理學思想的開山鼻祖周敦頤第 36 代孫。「奇匯閣藥香」理論體系的創始人，「離坤心相」理論體系的創始人，「海湖文化」養生研發機構創始人。國家高級脊椎調理師，心理醫師，徒手整形師，古中醫傳承人，吳曙粵先生弟子。

小兒常見病的中醫藥外治經驗

　　兒童還處於生長發育期，很多疾病的發生和治療與成人有較大的區別。由於小兒的脾胃嬌嫩和服藥有困難，中醫外治法就很有作為，其方法包括藥浴、外敷、推拿、刮痧、佩戴香囊、針灸和拔罐等，方法多樣，療效獨到，居家也可簡便安全的使用，而且小兒樂於接受，療效卓著備受家長歡迎。用中草藥外洗治療小兒常見病，有好的臨床療效，同時可減少中草藥對小兒胃腸的刺激，減輕其肝腎負擔，有利於小兒康復。

小兒外治法及醫案

（一）小兒外感

　　小兒外感為四季常見的外感病，中醫認為感冒的發生是由六淫「風、寒、暑、濕、燥、火」時行疫毒侵襲人體所致，若小兒正氣不足、體質虛弱時抗病能力減弱，加上四時六氣失常，故極易患病，感冒初期，邪在體表，無論何種原因引起的感冒，只需補足孩子得正氣，解表祛邪即可。對於小兒外感急性期（早期），小兒精神好，食慾正常，可用簡單的方法加上藥浴法治療，簡單快捷，在家庭也能第一時間使用，可直接解除孩子體表邪氣，扶持小兒正氣，感冒迅即得以解除。

　　（1）小兒外感食療方：葱白（包括葱鬚）6-12 個，煮水多飲。也可以用紫蘇葉 6-9 克或新鮮紫蘇葉 1 両煮水多飲。

　　（2）小兒外感泡浴通用方：紫蘇葉、小葱半斤，生薑 1-2 両。清洗後煮水泡浴 20-30 分鐘或擦浴。也可以用外感泡浴包（主要成份：連翹、桔梗、薄荷、荊芥穗、淡豆豉、防風及兩味壯瑤藥）沖水泡浴。

（3）小兒推拿：推三關 600 次，下六腑 600 次，清天河水 600 次。

（4）小兒外感合併發熱的泡浴方：石膏 100 克，大米 1 抓，車前草 30 克，蘇葉 30 克，薄荷 15 克。煮水泡浴 20-30 分鐘。

（5）必要時的治療：針少商穴、商陽穴、耳尖穴、大椎穴各出一滴血。

案例一 ————————————————————————————

李某某，女，7 個月，夜間降溫衣被不暖，晨起噴嚏不斷旋即清涕，其母見狀速將其姐在用的外感泡浴包用熱水沖泡後給其泡浴 30 分鐘，泡完孩子即安然無恙。其母欣喜。

案例二 ————————————————————————————

莫某，男，13 個月，三天前受涼後清涕，發熱，到醫院以抗生素輸液治療，晚上 10 點又出現高熱達 39 度，其父來電諮詢，在問清病情和用藥及化驗結果後建議用「小兒外感合併發熱的泡浴方 1 劑」即石膏 100 克，大米 1 抓，車前草 30 克，蘇葉 30 克，薄荷 15 克。煮水泡浴 25 分鐘後，體溫慢慢退到正常。

（二）小兒咳嗽

（1）小兒咳嗽外洗方

中藥外洗處方：麻黃 10 克，杏仁 6 克，石膏 20 克，甘草 10 克，魚腥草 30 克，黃芩 10 克，虎杖 10 克，山藥 30 克，仙靈脾 10 克，枳殼 10 克，桔梗 10 克，黨參 10 克，黃芪 10 克，白芍 10 克，當歸 6 克。

風熱用生薑 1-2 両，薄荷 10 克。煮水兌洗；風寒用生薑 3-6 両。煮水兌洗。

（2）小兒咳喘外敷中藥方

組方：桃仁 9 克，杏仁 6 克，山梔子 18 克，胡椒 3 克，川椒 3 克，小茴香 3 克，糯米 5 克。用雞蛋清適量調。

方法：上藥研為細麵，以蛋清調成麵團狀，睡前敷雙側湧泉穴或勞宮穴。

（3）必要時的治療：針四縫穴，每週 1-2 次。

案例一 ———————————————————————

朱某，男，18 個月。咳嗽 4 週，診斷為小兒支氣管炎。經多家醫院門診治療還有咳嗽，無氣喘，無發熱。給予：麻黃

10 克，杏仁 6 克，石膏 20 克，甘草 10 克，魚腥草 30 克，黃芩 10 克，虎杖 10 克，山藥 30 克，仙靈脾 10 克，枳殼 10 克，桔梗 10 克，黨參 10 克，黃芪 10 克，白芍 10 克，當歸 6 克。生薑 2 両，薄荷 10 克。三劑，水煮外洗，每天 1 劑。用藥三天已經無咳嗽。

案例二

　　陳某，男，12 個月。咳嗽 2 週。經小兒按摩咳嗽還是反覆。用上方（桃仁 9 克，杏仁 6 克，山梔子 18 克，胡椒 3 克，川椒 3 克，小茴香 3 克，糯米 5 克）研粉份 6 包，囑回家用雞蛋清適量睡前敷雙側湧泉穴各一包。三天後回報已經癒。

（三）小兒腹瀉

　　小兒腹瀉以大便次數增多、便下稀薄或如水樣為特徵，症狀：腹脹腹痛、瀉前哭鬧、瀉後痛減、大便腐臭、狀如敗卵、矢氣口臭、常伴嘔吐。引起小兒腹瀉的原因主要有感受外邪、飲食所傷、脾胃虛弱等等。

　　小兒脾胃功能不全，過度餵養及添加輔食或改變飲食種

類、給小兒餵食生冷時，超過了小兒脾胃運化能力，引發紊亂而致腹瀉，日常餵養十分重要，所謂「若要小兒安，三分飢與寒」。

小兒感受外邪後沒有及時治療、外邪入侵小兒脾胃，從而發生腹瀉，治療思路扶正祛邪，健脾益氣。

治療：

（1）小兒腹瀉的食療方：石榴葉（或皮）、茶葉各 1 両，與大米一同炒到大米微黃，去掉石榴葉和茶葉，大米煮粥服。

（2）小兒腹瀉「泡浴包」：黃芪 20 克、黨參 20 克、石榴皮 20 克、烏梅 20 克等 6 味藥。日一劑水煎泡浴。

（3）中成藥外敷：雲南白藥 2-4 克、調水或低度酒，外敷臍部，同時用膠布或傷濕止痛膏外貼固定。

（4）必要時的治療：針四縫穴 1-2 次／週。

案例 ————————————————————————

于某，男，11 個月，夜間受涼後出現腹瀉。每日 5-7 次稀水樣便，噴射狀。用熱水沖泡外感泡浴包小兒腹瀉泡浴包後給其泡浴 30 分鐘，泡 2 天癒。

按：也可以同時用雲南白藥外敷臍部，多飲口服補液鹽或淡鹽糖水。

（四）小兒厭食症

小兒生理存「腑嬌嫩，脾常不足」的特點，病理特點有「易虛易實、易飢易飽」的情況；目前小兒多係獨生子女，家長溺愛、過份嬌慣，予過食肥甘厚味與生冷瓜果，甚至逼迫小兒進食等，日久導致脾胃損傷。輕者出現脾胃不和，重者導致脾胃氣陰兩傷之厭食症，若病程較長，遷延不癒，可因脾胃氣虛，納食較少，導致營養缺乏，生長發育落後，免疫功能底下，嚴重影響小兒健康。

（1）捏脊每週 1-2 次。

（2）外治就包括藥物經皮貼敷，中藥按照以下比例（單位為份，每份可以是 10 克，也可以是 100 克。根據需要配製）：黨參 1.0 份、茯苓 1.0 份、白术 1.0 份、青皮 0.25 份、陳皮 0.25 份、砂仁 0.25 份、莪术 0.5 份、雞內金 0.5 份、丁香 0.125 份、肉桂 0.125 份、木香 0.125 份、萊菔子 0.125 份、細辛 0.125 份。

研成細末，過篩，加入適量的蒜泥和薑汁，調成膏狀，攤為一元硬幣大小的塑料紙上，分別敷貼神闕、中脘及雙脾俞穴，用膠布固定，視年齡大小每次敷貼 2-6 小時，隔日 1 次。

（3）必要時的治療：針四縫穴，每週 1-2 次。

附：芊心堂綿陽針法

金針術第一套針法

芊心堂「綿陽針法」是道家古傳承的金針術之一。特點如柔軟綿薄之力，似水一般借「道」的力量而延續不斷地溫養維持人體的生理功能及固衛體表的陽氣，使周身之氣充盈。綿陽針法以金針具有驅邪、鎮靜的作用，配合相應的金針針法，可以更快地消除危害人體的病邪，治療的作用反應快、療效高。同時金性不隨天時四季冷熱而變化，與人的體溫適合，刺針時疼痛輕微，刺入體內不變質，不起副作用，沒有滯澀難起出的困難，針孔不易發炎。

1、解穢 ——0.5mm 直徑的針，男女通用。

功效：治腳氣（晚上睡前針）。

留針 30 分鐘，每天針，晚上睡覺前針，第二天穿鞋子出門一般不會有腳氣，連續針三、四天基本上腳氣會消失。

取針順序：由上向下取。

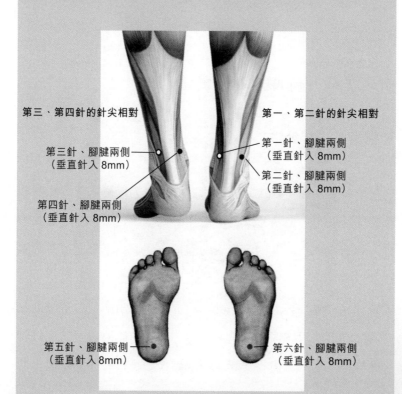

第三、第四針的針尖相對

第一、第二針的針尖相對

第三針、腳腱兩側
（垂直針入 8mm）

第一針、腳腱兩側
（垂直針入 8mm）

第二針、腳腱兩側
（垂直針入 8mm）

第四針、腳腱兩側
（垂直針入 8mm）

第五針、腳腱兩側
（垂直針入 8mm）

第六針、腳腱兩側
（垂直針入 8mm）

2、清媚——0.5mm 直徑的針，只針對女性。

功效：治盆腔積液（針完後人為促成性高潮，輔助積液更好排出）。生育之後，坐月子時施針，一般月子完就差不多好了，沒有生育的子宮口還沒有開，一般作用不大，排不乾淨。

留針 18 分鐘，取針順序：二、三、四、一。

第一針
（垂直針入 13mm）

第三針、關元穴
（垂直針入 13mm）

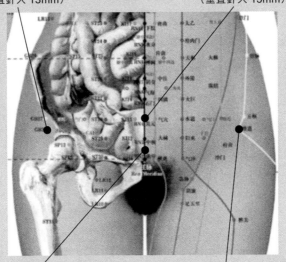

第四針、尺骨上端
（垂直針入 13mm）

第二針（垂直針入 13mm）

3、天樞——0.5mm 直徑的針，只針對男性。

功效：治前列腺鈣化（大補類不要吃，比如骨頭湯、鈣片等，以及碳酸類飲料，如可樂等）。

留針 30 分鐘，每兩天針一次，針到好為止，針完小便會有白沫，胃部會不舒服，生殖區會像被打了一拳一樣痛，是正常的現象。

取針順序：二、四、一、三。

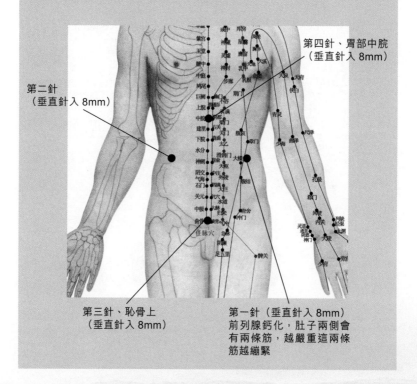

第四針、胃部中脘
（垂直針入 8mm）

第二針
（垂直針入 8mm）

第三針、恥骨上
（垂直針入 8mm）

第一針（垂直針入 8mm）
前列腺鈣化，肚子兩側會
有兩條筋，越嚴重這兩條
筋越繃緊

4、煉虛——0.5mm 直徑的針，只針對女性。

功效：治宮寒、經期不定、不孕、子宮肌瘤（針完貼暖宮貼在肚臍下邊小腹處或是鹽包）。

留針 5-8 分鐘，兩次施針中間間隔 3 天，一個月內基本就可以了，卵巢排出來的卵質量不行的會排掉，針完後經血會加快，經期會提前或是說經期會不定期出現一段時間。

取針順序：三、四、六、五、一、二、九、十、七、八。

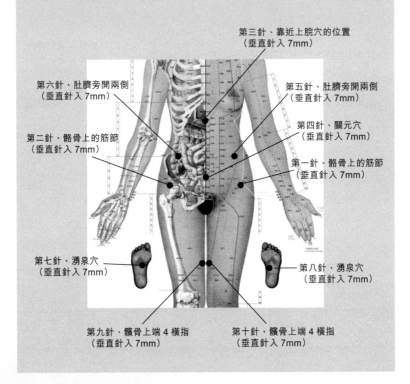

第三針、靠近上脘穴的位置
（垂直針入 7mm）

第六針、肚臍旁開兩側
（垂直針入 7mm）

第五針、肚臍旁開兩側
（垂直針入 7mm）

第二針、骼骨上的筋節
（垂直針入 7mm）

第四針、關元穴
（垂直針入 7mm）

第一針、骼骨上的筋節
（垂直針入 7mm）

第七針、湧泉穴
（垂直針入 7mm）

第八針、湧泉穴
（垂直針入 7mm）

第九針、髖骨上端 4 橫指
（垂直針入 7mm）

第十針、髖骨上端 4 橫指
（垂直針入 7mm）

5、通虛——0.5mm 直徑的針，男女通用。

功效：排病氣，把病氣從湧泉穴排出（針完多運動）。
留針半個小時。

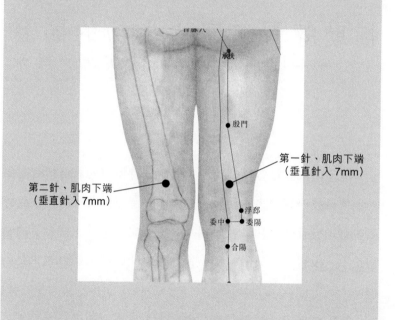

第二針、肌肉下端
（垂直針入 7mm）

第一針、肌肉下端
（垂直針入 7mm）

輔助練習道家養生功的開發
──固柢機器人輔助練功的展示

　　道家南宗有很多科技精英，他們與時俱進的將傳統智慧融入現代科技，讓更多人受益。近期湧現了三生艾灸罐、銅砭等很多有助於養生練功的發明創新、科技成果，其中融合了內功秘訣、人工智能、信息電子、移動互聯網的固柢機器人也是一例。

　　養生修煉中「虛鬆身心」雖是基本要求，但不容易做到，需要明師言傳身教、學者內證體悟，練習幾十年仍是門外漢的很常見；多數人練功急於求成、心浮氣躁、頭重腳輕、缺少定

力。《道德經》強調「深根固柢，長生久視之道」，「千里之行，始於足下」。《太極拳經》指出「其根在腳」。

固柢機器人創造的擾動環境，練習者如臨深淵、如履薄冰，要想維持平衡，需要集中注意力、立身中正、沉心靜氣、虛實分明、捨己從人、黏連黏隨、動中求靜，隨着擾動強度和複雜度的提高，中定力、放鬆度、協調性需要不斷提高，減少內耗、深根固柢、厚德載物，更雅、更穩、更久，持續練習不僅能提升功夫，還能提升專注力、記憶力和思維力，改善身體機能、增強身體素質、提高學習能力、提升綜合素養。

固柢機器人集放鬆、提分、練功於一體，已申請多項發明專利（201610465534.0、201710434964.0 等）、論文已由2017 國際體育與健康學術論文報告會錄用發表並專題報告，原本抽象難懂的練功心法，在固柢機器人輔助下，可以較快領會、實踐，並能輕鬆取得明顯效果，甚至有練習者體育成績從零分到滿分、學習成績突飛猛進。優雅的固柢九式——深根固柢、厚德載物、中正安舒、自強不息、勤而行之、繼往開來、定能生慧、從善如流、博古通今，滲透傳遞了高深的練功心法與生活智慧，不僅可以指導運動鍛煉、練功養生，還能指導日

常言行舉止、學習工作生活。

本文作者：姚武杰，道家文化愛好者、太極拳修習者、
　　　　　高級工程師

新的固柢機器人外觀

固柢機器人參加國家級發明大賽

附錄一：
《太上老君説常清淨經》

老君曰：

大道無形，生育天地；大道無情，運行日月；

大道無名，長養萬物；吾不知其名，強名曰道。

夫道者：

有清有濁，有動有靜；天清地濁，天動地靜。

男清女濁，男動女靜。降本流末，而生萬物。

清者濁之源，動者靜之基。人能常清靜，天地悉皆歸。

夫人神好清，而心擾之；人心好靜，而欲牽之。

常能遣其欲，而心自靜，澄其心而神自清。

自然六欲不生，三毒消滅。

所以不能者，為心未澄，欲未遣也。

能遣之者，內觀其心，心無其心；

外觀其形，形無其形；遠觀其物，物無其物。

三者既悟，唯見於空；觀空亦空，空無所空；

所空既無，無無亦無；無無既無，湛然常寂；

寂無所寂，欲豈能生？欲既不生，即是真靜。

真常應物，真常得性；常應常靜，常清靜矣。

如此清靜，漸入真道；既入真道，名為得道，

雖名得道，實無所得；為化眾生，名為得道；

能悟之者，可傳聖道。

老君曰：

上士無爭，下士好爭；上德不德，下德執德。

執著之者，不明道德。眾生所以不得真道者，

為有妄心。既有妄心，即驚其神；既驚其神，

即著萬物；既著萬物，即生貪求；

既生貪求，即是煩惱；煩惱妄想，憂苦身心；

但遭濁辱，流浪生死，常沉苦海，永失真道。

真常之道，悟者自得，得悟道者，常清靜矣。

附錄二：
悟真篇原序
《天台張伯端平叔序》

嗟夫！人身難得，光景易遷，罔測修短，安逃業報？不自及早省悟，惟只甘分得終，若臨歧一念有差，墮於三塗惡趣，則動經塵劫無有出期，釋老以性命學開方便門，教人修煉以逃生死。釋氏以空寂為宗，若頓悟圓通，則直超彼岸，如其習漏未盡，則尚徇於有生。老氏以煉養為真，若得其要樞，則立躋聖位，如其未明本性，則猶滯於幻形。其次《周易》有窮理盡性至命之詞，魯語有毋意必固我之説，此又孔子極臻於性命之

奧也。然其言之常略而不至於詳者，何也？蓋欲序正人倫，施仁義禮樂之教，故於無為之道未嘗顯言，但以命術寓諸易象、性法混諸微言耳。至於莊子推窮物累逍遙之性，孟子善養浩然之氣，皆切幾之。迨夫漢魏伯陽引易道交姤之體作《參同契》，以昭大丹之作用，唐忠國師於《語錄》首序老莊言，以顯至道之本來如此，豈非教雖分三，道乃歸一？奈何沒世緇黃之流，各自專門，互相非是，致使三家宗要迭沒邪歧，不得混一而同歸矣。且今人以道門尚於修命，而不知修命之法理出兩端：有易遇而難成者，有難遇而易成者。如煉五芽之氣，服七耀之光，注想按摩，納清吐濁，念經持咒，噀水叱符，叩齒集神，休妻絕糧，存神閉息，運眉間之思，補腦還精，習房中之術，以至煉金石草木之類，皆易遇而難成。以上諸法，於修身之道率多滅裂，故施力雖多，而求效莫驗。若勤心苦志，日夕修持，止可以避病，免其非橫。一旦不行，則前功盡棄，此乃遷延歲月，事必難成。慾望一得永得，還嬰返老，而變化飛升，不亦難乎？其中惟有閉息一法，如能忘機絕慮，即與二乘坐禪頗同。若勤而行之，可以入定出神。奈何精神屬陰，不免常用遷徙之法。既未得金汞返還之道，又豈能回陽換骨，白日而飛天哉？

夫煉金液還丹者，則難遇而易成，要須洞曉陰陽，深達造化，方能追二氣於黃道，會三性於元宮，攢簇五行，和合四象，龍吟虎嘯，夫唱婦隨，玉鼎湯煎，金爐火熾，始得元珠有象、太乙歸真，都來片晌工夫，永保無窮逸樂。至於防危慮險，慎於運用抽添，養正持盈，要在守雌抱一，自然復陽生之氣，剝陰殺之形。節氣既交，脫胎神化，名題仙籍，位號真人，此乃大丈夫名成功遂之時也。近世修行之徒，妄有執着，不悟妙法之真，卻怨神仙譎語。殊不知成道者，皆因煉金丹而得。聖人恐洩天機，遂托數事為名。今之學者，有取鉛汞為二氣，指臟腑為五行，分心腎為坎離，以肝肺為龍虎，以神氣為子母，執津液為鉛汞，不識浮沉，寧分主賓？何異認他財為己物，呼別姓為親兒？又豈知金木相克之幽微，陰陽互用之奧妙？是皆日月失道，鉛汞異爐，慾望結成還丹，不亦遠乎？僕幼親善道，涉獵三教經書，以至刑法書算，醫卜戰陣，天文地理、吉凶生死之術，靡不留心詳究。惟金丹一法，閱盡群經及諸家歌詩論契，皆云日魂月魄、庚虎甲龍、水銀朱砂、白金黑錫、坎男離女能成金液還丹，終不言真鉛真汞是何物色。又不說火候法度、溫養指歸。加以後世迷徒，恣其臆說，將先聖典教妄行箋注，乖

訛萬狀，不惟紊亂仙經，抑亦惑誤後學。僕以至人未遇，口訣難逢，遂至寢食不安，精神疲勞，雖尋求遍於海岳，請益盡於賢愚，皆莫能通曉真宗，開照心腑。後至熙寧己酉歲，因隨龍圖陸公入成都，以宿志不回，初誠愈恪，遂感真人授金丹藥物火候之訣。其言甚簡，其要不繁，可謂指流知源，語一悟百，霧開日瑩，塵盡鑒明，校之仙經，若合符契。因念世之學仙者，十有八九，而達其真要者，未聞一二。僕既遇真詮，安敢隱默？罄其所得，成詩九九八十一首，號曰《悟真篇》。內有七言四韻一十六首，以表二八之數。絕句六十四首，按《周易》諸卦。五言一首，以象太乙。續填《西江月》一十二首，以周歲律。其如鼎器尊卑，藥物斤兩，火候進退、主客後先、存亡有無、吉凶悔吝，悉在其中矣。於本源真覺之性，有所未盡，又作為歌頌樂府及雜言等，附之卷末。庶幾達本明性之道，盡於此矣。所期同志者覽之，俾見末而悟本，舍妄以從真爾。

時皇宋熙寧乙卯歲旦天台張伯端平叔序

七言四韻一十六首

其一

不求大道出迷途，縱負賢才豈丈夫。

百歲光陰石火爍，一生身世水泡浮。

只貪名利求榮顯，不覺形容暗悴枯。

試問堆金等山岳，無常買得不來無。

其二

人生雖有百年期，夭壽窮通莫預知。

昨日街頭猶走馬，今朝棺內已眠屍。

妻財拋下非君有，罪業將行難自欺。

大藥不求爭得遇，遇之不煉是愚癡。

其三

學仙須是學天仙，惟有金舟最的端。

二物會時情性合，五行全處虎龍蟠。

本因戊己為媒娉，遂使夫妻鎮合歡。

只候功成朝玉闕，九霞光裏駕祥鸞。

其四

此法真中妙更真，都緣我獨異於人。

自知顛倒由離坎，誰識浮沉定主賓。

金鼎欲留朱裏汞，玉池先下水中銀。

神功運火非終旦，現出深潭月一輪。

其五

虎躍龍騰風浪粗，中央正位產玄珠。

果生枝上終期熟，子在胞中豈有殊。

南北宗源翻卦象，晨昏火候合天樞。

須知大隱居廛市，何必深山守靜孤。

其六

人人本有長生藥，自是迷徒枉擺拋。

甘露降時天地合，黃芽生處坎離交。

井蛙應謂無龍窟，籬鵲爭知有鳳巢。

丹熟自然金滿屋，何須尋草學燒茅。

其七

要知產藥川源處，月在西南是本鄉。

鉛遇癸生須急採，金逢望遠不堪嘗。

送歸土釜牢封固，次入流珠廝配當。

藥重一斤須二八，調停火候托陰陽。

其八

休煉三黃及四神，若尋眾草便非真。

陰陽得類歸交感，二八相當自合親。

潭底日紅陰怪滅。山頭月白藥苗新。

時人要識真鉛汞，不是凡砂及水銀。

其九

陽裏陰精質不剛，獨修一物轉羸尪，

勞形按引皆非道，服氣餐霞總是狂。

舉世漫求鉛汞伏，何時得見虎龍降。

勸君窮取生身處，返本還源是藥王。

其十

好把真鉛着意尋，莫教容易度光陰。

但將地魄擒朱汞，自有天魂制水金。

可謂道高龍虎伏，堪言德重鬼神欽。

已知壽永齊天地，煩惱無由更上心。

十一

黃芽白雪不難尋，達者須憑德行深。

四象五行全藉土，三元八卦豈離壬。

煉成靈寶大難識，消盡陰魔鬼莫侵。

欲向人間留秘訣，未逢一個是知音。

十二

草木陰陽亦兩齊，若還缺一不芳菲。

初開綠葉陽先倡，次發紅花陰後隨。

常道只斯為日用，真源返覆有誰知。

報言學道諸君子，不識陰陽莫亂為。

十三

不識玄中顛倒顛，爭知火裏好栽蓮。

牽將白虎歸家養，產個明珠似月圓。

謾守藥爐看火候，但安神息任天然。

群陰剝盡丹成熟，跳出樊籠壽萬年。

十四

三五一都三個字，古今明者實然稀。

東三南二同成五，北一西方四共之。

戊己自居生數五，三家相見結嬰兒。

嬰兒是一含真氣，十月胎圓入聖基。

十五

不識真鉛正祖宗，萬般作用枉施功。

休妻謾遣陰陽隔，絕粒徒教腸胃空。

草木陰陽皆滓質，雲霞日月屬朦朧。

更饒吐納並存想，總與金丹事不同。

十六

萬卷丹經語總同，金丹只此是根宗。

依他坤位生成體，種在乾家交感宮。

莫怪天機都洩漏，只緣學者盡愚蒙。

若能了得詩中意，立見三清太上翁。

絕句六十四首（按周易六十四卦）

先把乾坤為鼎器，次搏烏兔藥來烹，

既驅二物歸黃道，爭得金丹不解生？

安爐立鼎法乾坤，鍛煉精華制魄魂，

聚散氤氳成變化，敢將玄妙等閒論。

休泥丹灶費工夫，煉藥須尋偃月爐。

自有天然真火候，不須柴炭及吹噓。

偃月爐中玉蕊生，朱砂鼎內水銀平，

只因火力調和後，種得黃芽漸長成。

咽津納氣是人行，有物方能造化生。
鼎內若無真種子，猶將水火煮空鐺。
調和鉛汞要成丹，大小無傷兩國全。
若問真鉛是何物，蟾光終日照西川。
未煉還丹莫入山，山中內外盡非鉛。
此般至寶家家有，自是愚人識不全。
竹破須將竹補宜，抱雞當用卵為之。
萬般非類徒勞力，爭似真鉛合聖機。
虛心實腹義懼深，只為虛心要識心。
不若煉鉛先實腹，且教收取滿堂金。
用鉛不得用凡鉛，用了真鉛也棄捐；
此是用鉛真妙訣，用鉛不用是誠言。
夢謁西華到九天，真人授我指元篇。
其中簡易無多語，只是教人煉汞鉛。
道自虛無生一氣，便從一氣產陰陽；
陰陽再合成三體，三體重生萬物張。
坎電烹轟金水方，火發昆侖陰與陽。
二物若還和合了，自然丹熟遍身香。

離坎若還無戊己，雖含四象不成丹。

只緣彼此懷真土，遂使金丹有返還。

日居離位翻為女，坎配蟾宮卻是男；

不會個中顛倒意，休將管見事高談。

取將坎內心中實，點化離宮腹內陰；

從此變成乾健體，潛藏飛躍盡由心。

震龍汞出自離鄉，兌虎鉛生在坎方，

二物總因兒產母，五行全要入中央。

月才天際半輪明，早有龍吟虎嘯聲。

便好用功修二八，一時辰內管丹成。

華嶽岩頭雄虎嘯，扶桑海底牝龍吟。

黃婆自解相媒合，遣作夫妻共一心。

赤龍黑虎各西東，四象交加戊己中。

復姤自此能運用，金丹誰道不成功。

西山白虎正猖狂，東海青龍不可當，

兩手捉來令死鬥，化成一塊紫金霜。

先且觀天明五賊，次須察地以安民。

民安國富方求戰，戰罷方能見聖人。

用將須分左右軍，饒他為主我為賓。

勸君臨陣休輕敵，恐喪吾家無價珍。

火生於木本藏鋒，不會鑽研莫強攻。

禍發總因斯害己，要須制伏覓金公。

金公本是東家子，送在西鄰寄體生，

認得喚來歸舍養，配將姹女結親情。

姹女遊行自有方，前行須短後須長，

歸來卻入黃婆舍，嫁個金公作老郎。

縱識朱砂與黑鉛，不知火候也如閒。

大都全藉修持力，毫髮差殊不結丹。

契論經歌講至真，不將火候著於文。

要知口訣通玄處，須共神仙仔細論。

八月十五玩蟾輝，正是金精壯盛時，

若到一陽才動處，便宜進火莫延遲。

一陽才動作丹時，鉛鼎溫溫照幌幃。

受氣之初容易得，抽添運用切防危。

玄珠有象逐陽生，陽極陰消漸剝形。

十月霜飛丹始熟，此時神鬼也須驚。

前弦之後後弦前，藥味平平氣象全。

採得歸來爐裏鍛，煉成溫養自烹煎。

長男乍飲西方酒，少女初開北地花，

若使青娥相見後，一時關鎖在黃家。

兔雞之月及其時，刑得臨門藥象之。

到此金丹宜沐浴，若還加火必傾危。

日月三旬一遇逢，以時易日法神功。

守城野戰知凶吉，增得靈砂滿鼎紅。

否泰才交萬物盈，屯蒙二卦稟生成。

此中得意休求象，若究群爻謾役情。

卦中設象本儀形，得意忘言意自明。

舉世迷人惟執象，卻行卦氣望飛升。

天地盈虛自有時，審能消息始知機。

由來庚甲申明令，殺盡三屍道可期。

要得穀神長不死，須憑玄牝立根基。

真精即返黃金室，一顆靈光永不離。

玄牝之門世罕知，只將口鼻妄施為。

饒君吐納經千載，爭得金烏搦兔兒。

異名同出少人知，兩者玄玄是要機。

保命全形明損益，紫金丹藥最靈奇。

始於有作人難見，及至無為眾始知。

但見無為為要妙，豈知有作是根基。

黑中有白為丹母，雄裏藏雌是聖胎。

太乙在爐宜鎮守，三田寶聚應三台。

恍惚之中尋有象，杳冥之內覓真精。

有無從此自相入，未見如何想得成。

四象會時玄體就，五行全處紫金明，

脫胎入口身通聖，無限龍神盡失驚。

華池宴罷月澄輝，跨個金龍訪紫微。

從此眾仙相見後，海田陵谷任遷移。

要知金液還丹法，須向家園下種栽，

不假吹噓並着力，自然丹熟脫真胎。

休施巧偽為功力，認取他家不死方。

壺內旋添延命酒，鼎中收取返魂漿。

雪山一味好醍醐，傾入東陽造化爐。

若過昆崙西北去，張騫始得見麻姑。

不識陽精及主賓，知他那個是疏親？

房中空閉尾閭穴，誤殺閻浮多少人！

萬物芸芸各返根，返根復命即長存。

知常返本人難會，妄作招凶往往聞。

歐冶親傳鑄劍方，莫邪金水配柔剛。

煉成便會知人意，萬裏誅妖一電光。

敲竹喚龜吞玉芝，鼓琴招鳳飲刀圭。

邇來透體金光現，不與凡人話此規。

藥逢氣類方成象，道在希夷合自然。

一粒靈丹吞入腹，始知我命不由天。

赫赫金丹一日成，古仙垂語實堪聽。

若言九載三年者，盡是遷延款日辰。

大藥修之有易難，也知由我亦由天。

若非修行積陰德，動有群魔作障緣。

三才相盜及其時，道德神仙隱此機。

萬化既安諸慮息，百骸俱理證無為。

陰符寶字逾三百，道德靈文滿五千。

今古上仙無限數，盡於此處達真詮。

饒君聰慧過顏閔，不遇真師莫強猜。

只為金丹無口訣，教君何處結靈胎。

了了心猿方寸機，三千功行與天齊。

自然有鼎烹龍虎，何必擔家戀子妻。

未煉還丹即速煉，煉了還須知止足。

若也持盈未已心，不免一朝遭殆辱。

須將死戶為生戶，莫執生門號死門；

若會殺機明反覆，始知害裏卻生恩。

禍福由來互倚伏，還如影響相隨逐。

若能轉此生殺機，反掌之間災變福。

修行混俗且和光，圓即圓兮方即方。

顯晦逆從人莫測，教人爭得見行藏。

五言四韻一首（以象太乙含真氣）

女子着青衣，郎君披素練。見之不可用，用之不可見。

恍惚裏相逢，杳冥中有變。一霎火焰飛，真人自出現。

西江月一十二首（以象十二月）

內藥還同外藥，內通外亦須通。

丹頭和合類相同，溫養兩般作用。

內有天然真火，爐中赫赫長紅。

外爐增減要勤功，妙絕無過真種。

此藥至神至聖，憂君分薄難消。

調和鉛汞不終朝，早睹玄珠形兆。

志士若能修煉，何妨在市居朝。

工夫容易藥非遙，說破人須失笑。

白虎首經至寶，華池神水真金。

故知上善利源深，不比尋常藥品。

若要修成九轉，先須煉己持心。

依時採去定浮沉，進火須防危甚。

若要真鉛留汞，親中不離家臣。

木金間隔會無因，全仗媒人勾引。

木性愛金順義，金情戀木仁慈。
相吞相啖卻相親，始覺男兒有孕。

二八誰家姹女？九三何處郎君？
自稱木液與金精，遇土卻成三性。
更假丁公鍛煉，夫妻始結歡情。
河車不敢暫停留，運入昆侖峰頂。

七返朱砂返本，九還金液還真。
休將寅子數坤申，但要五行成準。
本是水銀一味，周遊遍歷諸辰。
陰陽數足自通神，出入豈離玄牝。

雄裏內含雌質，負陰卻抱陽精。
兩般和合藥方成，點化魂纖魄聖。
信道金丹一粒，蛇吞立變成龍，
雞餐亦乃化鸞鵬，飛入真陽清境。

天地才交否泰，朝昏好識屯蒙。

輻來輳轂水朝東，妙在抽添運用。

得一萬般皆畢，休分南北西東。

損之又損慎前功，命寶不宜輕弄。

冬至一陽來復，三旬增一陽爻。

月中復卦朔晨潮，望罷乾終姤兆。

日又別為寒暑，陽生復起中宵。

午時姤象一陰朝，煉藥須知昏曉。

不辨五行四象，那分朱汞鉛銀。

修丹火候未曾聞，早便稱呼居隱。

不肯自思己錯，更將錯路教人，

誤他永劫在迷津，似恁欺心安忍？

德行修逾八百，陰功積滿三千。

均齊物我與親冤，始合神仙本願。

虎兒刀兵不傷，無常火宅難牽。

寶符降後去朝天，穩駕鸞車鳳輦。

牛女情緣道合，龜蛇類稟天然。
蟾烏遇朔合嬋娟，二氣相資運轉。
本是乾坤妙用，誰人達此真詮？
陰陽否隔即成愆，怎得天長地遠！

續添西江月一首（以象閏月）

丹是色身至寶，煉成變化無窮。
更於性上究真宗，決了無生妙用。
不待他身後世，眼前獲佛神通。
自從龍女著斯功，爾後誰能繼踵？

七言絕句五首（以象金木水火土之五行）

饒君了悟真如性，未免拋身卻入身。
何以更兼修大藥，頓超無漏作真人。

投胎奪舍及移居，舊住名為因果徒。

若會降龍並伏虎，真金起屋幾時枯？

鑒形閉息思神法，初學艱難後坦途。

倏忽縱能遊萬國，奈何屋舊卻移居。

釋氏教人修極樂，只緣極樂是金方。

大都色相惟茲實，餘二非真謾度量。

俗謂常言合至道，宜向其中細尋討。

若將日用顛倒求，大地塵沙盡成寶。

後記

　　《道家南宗養生》一書闡述了道家南宗的修心養生養身及修真悟道的部份方法。書中公佈了南宗口口相傳的「唵」字訣的修煉方法和行功要領。讓讀者還能夠了解到桐柏宮的道家功法「紫凝易筋經」的全套修煉方法，照着書中的內容去練習，在易筋洗髓和身心修煉方面必將獲益匪淺。《道家南宗養生》之食療養生篇是我學生周宣剛經過多年的實踐和臨床總結的食療養生經驗，公佈了各類常見體質的食療調理方法，深入淺出，通過病例闡述，讓讀者看到食療的功效。個人認為，食療是發展的重要方向，現代人的體質如果能通過食療來調理，勝過藥物調理，食療的進補容易吸收，容易掌握，安全性高，也

最貼近生活。希望廣大讀者能從中啓發，獲取食療方面的知識而得到健康。應有榮主任醫師出版了《天台山道家功夫正骨真傳》、《天台山道家功夫整脊圖解》、《天台山道家健身功夫治未病三十六式》、《天台山道家健身功法三十六式圖解》等道家功夫系列叢書和音響教材。他在本書中提供了專門針對頸椎病的練習功法，如堅持練習，頸椎病可以得到緩解和治療；《道家南宗養生》的針灸篇是我徒弟程嗣瑋多年的臨床經驗（大道醫學之針法）。他在文中披露了其首創的「提皮針法、挖坑針法、針刺擠法」等方法和運用療效，也整理了比較有代表性的案例，供讀者了解和學習；道家南宗的刮痧療法簡單易學，南宗刮痧療法是利用銅砭進行刮痧，在五行上「金」與「肺金」為同氣相求之意。賦有八卦符咒與九天應元雷聲普化天尊神咒的銅砭，我學生范嗣嵓擅長此刮痧療法；浙江道教學院副院長謝嗣尚等人共同研創的「道教南宗三生艾灸罐」，對寒、熱、虛、實症的調理治療有良好的效果。三生艾灸罐的發明，使艾灸的功效大大提高，可以從溫度和「組穴」來調理和治療。灸罐已經成為艾灸治療中得心應手的好工具（已經申請了國家三項專利）；道家弟子林嗣旻，習古琴多年，通過對古琴的認

知，結合情志調理人們的「五臟」平衡，是有效促進健康的方法；郭桐至係藥王孫思邈的後人，書中的道家香療及香道部份是由我徒弟郭桐至和周明撰寫，他們介紹了療癒香道配方和藥香的使用方法，特有的道家五行香及針對修道煉丹的藥香可讓更多人體味到道家藥香的獨特魅力，對身心的保健上確有很好的價值；還有鄭州李威老師的道家超長鑫針，公佈了超長鑫針進針基本方法（口訣），還引用了詳細的臨床案例，通過案例了解長針的功效，將一百多年傳承的針法，毫無保留地公佈給讀者，為傳承傳統醫學做出了貢獻；我在書中也介紹了小兒的中醫外治方法，簡單實用有效，是居家父母的必備。同時，我還介紹了道家古傳承的芊心堂「綿陽針法」的金針術。此外，尚有現代的「固柢機器人」輔助練習道家養生功的介紹，希望本書的出版對廣大民眾的健康有益，助推健康中國。

吳曙粵

2019 年 1 月 29 日